基于径流预报的黑河流域水资源调配研究

解阳阳 著

· 北京 ·

内 容 提 要

本书针对我国第二大内陆河——黑河流域社会经济用水和生态环境需水之间的突出矛盾，以流域气候水文分析、径流预报、水资源调配为主线，揭示该流域降水、气温、水面蒸发和径流的时空变化特征，开展中长期径流预报，设置水资源调配方案集，建立水资源调配评价指标体系，构建耦合地下水均衡模型的水资源调配模型，利用并行粒子群算法求解问题和评价水资源调配方案与调配方式，分析水资源调配特征和规律，探讨水文情势变化对水资源调配的影响，建立和检验水资源调配规则。研究成果不仅能为缓解黑河流域水资源矛盾提供决策依据，也可为其他流域水资源调配提供重要借鉴。

本书可供从事水资源优化调配的科研人员和技术人员使用，也可为相关专业的高等院校师生提供参考。

图书在版编目（CIP）数据

基于径流预报的黑河流域水资源调配研究 / 解阳阳著. -- 北京 : 中国水利水电出版社, 2024.6
ISBN 978-7-5226-2357-3

Ⅰ. ①基… Ⅱ. ①解… Ⅲ. ①黑河一流域一水资源管理一研究 Ⅳ. ①TV213.4

中国国家版本馆CIP数据核字(2024)第093330号

书　　名	**基于径流预报的黑河流域水资源调配研究** JIYU JINGLIU YUBAO DE HEI HE LIUYU SHUIZIYUAN DIAOPEI YANJIU
作　　者	解阳阳　著
出版发行	中国水利水电出版社 （北京市海淀区玉渊潭南路1号D座　100038） 网址：www.waterpub.com.cn E-mail：sales@mwr.gov.cn 电话：(010) 68545888（营销中心）
经　　售	北京科水图书销售有限公司 电话：(010) 68545874、63202643 全国各地新华书店和相关出版物销售网点
排　　版	中国水利水电出版社微机排版中心
印　　刷	天津嘉恒印务有限公司
规　　格	170mm×240mm　16开本　9.25印张　181千字
版　　次	2024年6月第1版　2024年6月第1次印刷
定　　价	**60.00**元

前言

黑河是我国第二大内陆河，位于西北干旱半干旱地区，流域内已修建多座大中型水库。其中，位于黑河干流上游的黄藏寺水库对整个流域的水资源调配起着关键作用。自 20 世纪 60 年代以来，黑河中游社会经济快速发展，大量引用河道水，超采地下水，引发一系列生态环境问题，严重影响流域社会经济的可持续发展。在此背景下，本书收集和整理黑河流域相关资料，分析流域气候变化特征和径流变化规律，研究中长期径流预报，探讨水文情势变化对水资源调配的影响，建立和检验水资源调配规则，以期为缓解黑河流域水资源供需矛盾提供依据，也为其他流域水资源调配提供借鉴。主要研究成果如下：

（1）黑河流域年降水量与年均气温均有不同程度的增加趋势，20 世纪 90 年代中期是一个重要的气候转折点；受气温攀升和降水增加的影响，黑河流域上游年水面蒸发与年径流量也出现明显的增加趋势。

（2）在建立的多种统计类预报模型中，确定性成分叠加法是黑河流域上游年径流预报的最优方法，而支持向量机和流域丰枯分期相结合的方式更适合于黑河流域上游旬均流量预报。

（3）建立黑河流域地表水与地下水多目标联合调配模型，模型包含上游调度、梨园河调配、中游地下水模拟等多个模块；针对黑河流域复杂水资源优化调配模型，编写高效求解该模型的并行粒子群算法。

（4）针对现状年（2012 年）、近期水平年（2020 年）和远期水平年（2030 年），建立起由 21 个方案所组成的黑河流域水资源调配方案集，构建包含 18 指标的黑河流域水资源调配方案评价指标体系。

（5）利用综合赋权法融合评价指标的主、客观权重，采用多个综合评价模型分别对水资源调配方案进行评价，在序号总和理论基础上建立黑河流域水资源调配方案的多方法联合评价模式。

(6) 对水资源调配模型的参数进行率定，从流域水量和地下水位两个方面论证黑河流域水资源调配模型的合理性，评价黑河流域现状、近期和远期水平年的水资源调配方案，确定不同水平年的水资源调配最优方案。

(7) 在水资源调配最优方案下，黑河干流上游梯级水电站保证出力相比设计值提高36%以上，但多年平均发电量相比设计值减少1.6%；中游灌区的地下取水量占取水总量的25%～44%；下游鼎新片区、东风场区旬供水量与正义峡断面旬下泄水量具有良好的线性关系。

(8) 缩减灌区面积和提高灌区节水强度，有利于减少黑河干流河道闭口天数；在水资源调配最优方案下，狼心山生态关键期需水保证率都超过50%，能够有效保障狼心山下游生态关键期需水；相比黑河“97”分水曲线，最优方案下的莺落峡—正义峡水量曲线出现“下端上翘、上端下滑”的现象。

(9) 建立了黄藏寺水库任务分区型调度图、频率分区型调度图和调度函数，制定了黑河流域中下游供水规则；对黄藏寺水库调度规则进行检验和分析，得出频率分区型调度图更适合于黄藏寺水库调度。

本书由国家自然科学基金（52009116）和中国博士后科学基金（2018M642338）共同资助。

因作者水平有限，书中难免存在不妥之处，敬请读者批评指正。

作者

2024年3月

目录

前言

第1章

绪　论

1.1 研究背景及意义

黑河是我国西北地区较大的内陆河，流经青海、甘肃、内蒙古三省（自治区），黑河流域与毗邻的石羊河、疏勒河流域合称“河西走廊”。中游张掖市，地处古丝绸之路和今日欧亚大陆桥之要地，素有“金张掖”之美誉；下游的额济纳旗边境线长500余km，区内有居延三角洲地带的额济纳绿洲。居延绿洲既是阻挡风沙侵袭的天然屏障，也是当地人民生息繁衍的重要依托。黑河流域生态建设与环境保护，不仅事关流域内人民的生存和社会发展，也关系到西北、华北地区的环境质量。自20世纪60年代以来，由于流域中游地区人口增长和经济发展，用水量不断攀升，通过正义峡断面进入下游的下泄水量越来越少，造成下游地区河湖干涸、地下水位下降、林木枯亡、草场退化、沙尘暴肆虐等生态环境问题进一步加剧，有“风起西伯利亚，沙起额济纳”之说，带来了一系列的社会、经济和生态环境问题。因此，加强水资源科学管理，实现水资源科学分配，已经成为确保该地区经济社会发展和生态安全的关键技术问题。

取水许可总量、用水效率和纳污能力控制是我国实施最严格水资源管理的重要手段，也是不可逾越的“三条红线”，是协调经济社会与生态环境和谐关系、实现流域生态环境治理和社会经济发展“双赢”的唯一途径。为此，1992年和1997年国务院先后批准了黑河干流水量分配方案，1999年批复成立水利部黄河水利委员会黑河流域管理局，2000年正式启动黑河省级分水工作。截至2014年，黑河流域连续十三年成功调水，干流水量分配的实施取得了显著的经济效益、社会效益和生态效益，流域群众的节水意识得到提高，黑河下游地下水位普遍抬升，以胡杨为主要标志的下游植被生态状况有所改善。但是，黑河水资源统一管理、统一调度和综合治理工作仍然处于起步阶段，兼顾生态修复与经济发展的水资源优化配置问题仍未得到根本解决。主要问题有：

（1）灌溉和调水矛盾十分突出，中游耗水量大，难以完成国务院制定的分水指标。据统计，黑河中游20世纪80年代年平均耗水量为6.41亿m^3（莺落峡与正义峡水文断面水量差值），90年代为7.99亿m^3。国务院分水方案和《黑河流域近期治理规划》所要求的均值来水条件下，中游地区最大耗水量为6.3亿m^3。2003—2012年，中游耗水量年均超年度允许值1.67m^3，造成正义峡下泄水量小于年度方案规定的指标，灌溉和调水矛盾愈加突出。

（2）既定的生态输水方案缺乏具体的水量配置模式。虽然水利部门已提出正常来水年份保障正义峡下泄水量9.5亿m^3的分水方案，但该方案只给出了一个生态用水总量，而未给出该水量下的年内流量配置过程，也未考虑在生态输水时的水量沿程损失、输水时间安排、输水线路布局方式等，在具体调度时针对性和可操作性不够强，难以实现精细调度。

（3）未考虑社会经济用水与生态用水之间的相互协调。对水资源系统与社会-经济-生态复合系统的相互演变关系考虑不够，对水资源的生态价值研究滞后和缺乏生态价值与经济价值的统一度量研究，影响了水资源在生态需水与经济需水之间的合理配置。

上述问题的根本原因在于黑河水资源管理的技术和手段相对薄弱，突出表现在：①黑河水量调度仍是无预报调度，难以给出一个科学合理的调度方案；②黑河上游梯级水库群以发电为主的运行方式影响了中游来水过程，影响了黑河水量调度的实施；③黑河没有系统科学的流域水资源合理配置方案。

黑河重大研究计划项目“黑河流域生态-水文过程集成研究”（简称“黑河重大计划”）自2010年启动以来，从黑河流域生态过程、水文过程和经济过程研究的需要，围绕着干旱环境下植物水分利用效率及其对水分胁迫的适应机制、地表-地下水相互作用机理及其生态水文效应、不同尺度生态-水文过程机理与尺度转换方法、气候变化和人类活动影响下流域生态-水文过程的响应机制、流域综合观测试验、数据-模拟技术与方法集成等核心科学问题，在干旱内陆河流域水文、水资源变化过程、地表水与地下水转换过程及生态效应、不同尺度植被水分利用与耗水的生物学机制、典型植被格局生态-水文过程的相互作用机制、流域经济-生态-水系统演变过程、流域生态-水文集成模型等方面资助一批重点项目、集成项目和培育项目。这些项目取得了一大批创新性的研究成果，使黑河流域生态水文研究进入国际先进行列，为黑河流域水安全、生态安全以及经济的可持续发展提供了基础理论和科技支撑。

本书针对黑河流域水资源管理面临的实际问题，以黑河重大计划研究成果和多源观测数据为基础，以水库群调度和水资源配置模型为核心，结合径流预报和水资源调配评价，来解决复杂的水资源管理决策问题，旨在解决黑河流域水资源管理中的水量分配、用水效率、经济社会和生态协调，以及上、中、下游协调等诸多问题，为黑河流域水安全、生态安全以及经济的可持续发展提供技术手段，为黑河流域水资源综合管理提供科技支持。因此，本书将是将黑河重大计划科研成果应用于流域实践的重要纽带，对黑河流域水资源管理具有重要的科学意义和应用价值，也为中国北方干旱地区流域水资源调配提供重要借鉴。

1.2 国内外研究进展

1.2.1 径流预报方法

根据预见期长短，径流预报一般可分为实时预报（预见期<1天）、短期预报（1天≤预见期≤3天）、中期预报（3天<预见期≤1旬）、长期预报（1旬<预见期≤1年）和超长期预报（预见期>1年）[1-3]。在水资源调配过程中，超长期和中长期径流预报可以提供宏观决策信息，短期和实时预报能够提供具体操作依据。

目前，径流预报方法主要有物理成因分析法、数值天气预报法、流域水文模型、传统数理统计法和现代数学智能法。物理成因分析法通过研究宏观物理因素（太阳活动、大气环流等）对径流的间接影响，利用回归分析法等建立径流预报模型，如 Oubeidillah 等[4] 根据太平洋的海洋-大气变化预测了美国科罗拉多河上游的径流变化。数值天气预报（numerical weather prediction，NWP）法是指利用数值天气预报模型得到的气象要素进行径流预报的方法，如 Yu 等[5] 通过 NWP 开展了高分辨率集合降水洪水预报和预警。流域水文模型基于流域产汇流机制对河川径流进行预报，如 Arnold 等[6] 开发的 SWAT 模型和赵人俊[7] 提出的新安江模型。传统数理统计法是指在20世纪80年代初以前已经广泛应用于径流预报的数理统计方法，如多元回归分析法、周期分析法、多维时间序列外推法等[1-3]。现代数学智能法是指在20世纪80年代初以后才逐渐应用于径流预报的数学方法和智能算法，如模糊数学法、灰色系统法、人工神经网络、小波分析、混沌理论、支持向量机等[1-3]。

在黑河流域，许多学者主要采用水文模型、传统数理统计法和现代数学智能法进行径流预报。康尔泗等[8] 基于 HBV 水文模型原理，建立了黑河流域径流预报模型；蓝永超等[9] 利用 Local Modeling 模式预测了黑河流域出山口月平均流量；张举等[10] 建立了黑河出山径流量的灰色拓扑预测方法；楚永伟等[11] 比较了前期影响因子预报模型和时间序列组合模型在黑河出山年径流预报中的效果；李弘毅等[12] 利用 SRM 融雪模型模拟了黑河流域上游年径流过程；Liu 等[13] 利用树木年轮法重构了黑河流域年径流序列；Zang 等[14] 利用 SWAT 模型计算了黑河流域绿水与蓝水的年均流量过程，并分析了它们各自变化趋势；Lei 等[15] 利用集合卡尔曼平滑方法提高了 SWAT 模型在模拟黑河流域地表径流时的精度。

物理成因分析法、数值天气预报法、流域水文模型、传统数理统计法和现代数学智能法在径流预报方面各有适用条件和优缺点。物理成因分析法预见期长，可进行中长期或超长期径流预报，但预报精度往往很差；数值天气预报法可以有效结合气象要素进行预报，适合中短期径流预报，但受制于天气预报准确程度；流域水文模型具有良好的物理基础，但对气象、土壤、土地利用等数据要求很高，而且模型参数比较复杂；传统数理统计法计算简单，但要求历史水文序列足够长且统计特征稳定；现代数学智能法能够很好地模拟预报因子和径流之间的非线性关系，在预测精度上比传统数理统计方法略好，但也不能克服预报模型泛化能力弱的问题。

1.2.2 地下水模拟方法

地下水模拟是指通过一定模型或技术方法描述和反映地下含水层水量和水质等要素的空间分布特征和时间变化规律。在地下水量模拟方面，主要有基于水文学的地下水均衡分析和基于动力学的地下水数值模拟。

地下水均衡分析利用地下水量平衡原理，建立概念化地下水模型，所需水文地质参数较少，可有效描述较大时空尺度的地下水量变化特征，但较小时空尺度的地下水模拟精度较低，也很难揭示地下水运动的物理机制。基于地下水均衡分析方法或模型，李建承等[16] 研究了陕西泾惠渠灌区不同频率典型年的地下水均衡情况，得到灌区合理的渠井用水比例；李郝等[17] 分析了河套灌区地下水可开采系数、渠系输水补给系数等参数对井渠结合面积比的影响，得到了合理的井渠结合面积比；李晓芳等[18] 定量分析了新疆玛纳斯河灌区地下水均衡要素的变化情况，计算了不同地下水补给来源的比例。

地下水数值模拟可以建立具有复杂物理机制的分布式地下水模型，通过地理信息处理、计算机数值计算等技术手段准确模拟地下水动态变化，但数据要求高、计算过程复杂，一直是国内外地下水模拟研究的重点和热点。针对地下水数值模拟，目前主要有 Visual MODFLOW、FEFLOW、GMS、GW 等软件系统。Zipper 等[19] 结合 MAGI 和 MODFLOW 模拟了土地利用对地下水造成的影响以及对地下水流动的影响；Liu 等[20] 基于地下水模型系统 GMS，对区域地下水进行三维数值模拟，并对重要核素在地下水中的迁移行为和影响范围进行预测和评价；Qadir 等[21] 运用 Visual MODFLOW 技术模拟了地区地下水变化，确定了地下水的可持续性和动态变化。

为了探究黑河流域地下水赋存与运动规律，前人曾建立了一些地下水数值模拟模型，取得了不错的检验效果。苏建平[22] 利用 FEFLOW 软件建立了黑河中游张掖盆地地下水模型；武强等[23] 基于明渠水力学方法和地下水动力学方法建立了黑河流域地表河网-地下水流系统耦合模拟模型；胡立堂等[24] 利用数值模型研究了黑河干流中游地下水向地表水转换的规律；朱金峰等[25] 利用 MODFLOW 对黑河流域全境地下含水层水流进行了分布式模拟；王建红等[26] 利用 Visual MODFLOW 和 ArcGIS 技术建立了黑河中游平原区地下水系统数值模型，对现状开采和调整开采条件下地下水位动态变化趋势进行了预测。

1.2.3 水资源调配方法

水资源调配是人类对水资源在时空上重新调度和分配过程，包括水源调蓄、输水调度和用水配置等环节。水资源合理调配就是在流域或特定区域范围内，遵循自然规律、市场经济规律和资源配置准则，以公平、高效和可持续发展为原则，通过合理抑制需求、有效增加供水、积极保护生态环境等方面的工程与非工程措施，对多种可利用水源在各用水部门间进行的调配。

水资源调配方法是人们为实现水资源合理调配而采取的各种手段和策略。Ringler[27] 以经济净效益最大化为目标对湄公河流域水资源进行了调配；Davijani 等[28] 建立了以农业部门和工业部门就业总人数最大为目标的水资源调配模型；Percia 等[29] 在以色列南部 Eilat 地区建立了地表水、地下水、回用水等多种水源的调配模型；Puleo 等[30] 以耗能最小为目标对意大利杰拉市淡化海水与其他自然水源进行了优化调配；Campbell 等[31] 将水量模型与水质模型相结合，研究了适宜鱼类生长繁殖的河道流量和水质；Hu 等[32] 利用水质响应模型和改进的遗传算法研究了水库多目标生态调度；Abolpour 等[33] 利用自适应神经模糊强化学习法研究了流域水资源调配；Chang 等[34] 利用遗传算法求解了考虑生态基流的多目标水库群调度模型；吴东杰等[35] 以社会、经济和环境的用水效益最大化为目标对黄河流域自产水资源量进行了调配；雷晓辉等[36] 以水源供水量最大、缺水量最小和弃水量最小为目标建立一种通用的水资源调配模型；刘玒玒等[37] 通过分析地表水供水工程、引汉济渭调水工程和地下水及再生水供水系统，建立了西安市多水源联合调度模型；高亮等[38] 从经济效益和社会效益等角度出发构建了区域多水源多用户水资源优化配置模型；张松达等[39] 在大系统分解-协调模型基础上，建立了考虑水质的水库群-河网水资源联合调配模型；宓永宁等[40] 综合考虑柴河水库的水量调度与水库水质变化情况，建立了该水库的水质水量耦合调度模型；刘涵等[41] 将优化与模拟技术相结合，利用大系统分解-协调理论，对陕西省关中西部灌区水源工程进行了联合调度；刘攀等[42] 将动态规划与遗传算法相结合，用于求解水库优化调度问题。

许多学者研究了黑河流域水资源问题，为该流域水资源调配提供了重要方法和模型。Wang 等[43] 构建了用户参与式多属性决策支持模型，用于管理黑河流域不同用水户之间的矛盾和评价黑河流域水资源调配方案；Li 等[44] 利用多维临界调控方法设置黑河流域多种水资源调配方案，应用非精确随机规划方法实现最优方案下的黑河流域水资源分配；赵勇等[45-46] 通过嵌套调度期、预报调度和自适应控制等方式，建立了黑河流域水资源实时调度系统；陈野鹰等[47] 利用基于 META - game 理论的矛盾数理解析法研究了黑河流域水资源利益冲突，通过对矛盾问题进行安定分析，获得了水资源均衡调配方案；李福生等[48] 将黑河流域中游地下水动态模拟模型与水资源配置模拟模型衔接在一起，进行水资源供需平衡分析；张永永等[49] 通过研究黑河上游梯级水库联合调度，认为黑河流域的调水目标和发电目标之间存在不可调和的矛盾。

综上所述，国内外很多学者对水资源调配方法进行了由点到面、由浅入深的研究。在调配目标方面，从单目标调配发展为多目标调配，从单纯地追求经济效益最大发展到寻求经济、社会和生态环境综合效益最优；在调配对象方面，从地表水和地下水调配发展为地表水、地下水、降水、土壤水、污水回用水、淡化海水等多种形式水资源的联合调配，从域内自产水资源调配发展到跨域水资源调配；在调配过程方面，从单纯的水量调配发展为水量水质统一调配，从长期调配规划发展到远期规划和近期生产相结合的方式；在调配算法方面，从传统的优化方法（如线性规划、非线性规划、动态规划）发展到优化与模拟相结合的方法以及现代先进的技术方法（如随机规划、人工神经网络、遗传算法）。

1.2.4 水资源利用评价方法

水资源利用评价是水资源评价的重要内容之一，是按流域或区域对水资源的数量、质量、时空分布特征和开发利用条件做出的分析与判断。水资源利用评价分为指标体系构建和指标体系应用两个步骤。相应地，水资源利用评价方法包括指标体系构建方法和指标体系应用方法。

水资源利用评价指标体系构建方法是指结合流域或区域实际情况，以可持续发展或水资源可持续利用为目标，以科学性、可操作性、代表性和简明性等为指标选取原则，最终建立多指标结构系统的方法。孙才志等[50] 充分考虑水资源的可供给性、社会需求和环境三者之间的协调统一关系建立了指标体系；朱玉仙等[51] 从可持续发展内涵出发，运用经济统计理论与方法构建了水资源利用评价指标体系；崔振才等[52] 按水资源开发利用与社会、经济、环境的关系及其协调程度选择评价因子，进而构建了评价指标体系；李瑜等[53] 建立了水资源与环境、社会经济协调发展评价的指标体系；王华[54] 运用系统分析法建立了由目标层、准则层和指标层组成的指标体系；刘恒等[55] 根据区域或流域水资源特点、社会经济发展对水的依赖程度、社会经济发展水平和科技水平的不平衡，借鉴国内外可持续理论标准，构建了水资源可持续发展评价指标体系。

水资源利用评价指标体系应用方法是指对单项指标标准化，计算单项指标权重，并构建综合评价指标的方法。对单项指标标准化是为了消除不同指标量纲、量级和贡献方向等差异，便于统一应用不同单项指标；计算单项指标权重是为了量化各单项指标受决策者的重视程度及其对水资源利用的重要程度；构建综合评价指标是将不同单项指标预处理后的数值及相应权重有机组合在一起，形成一个可直接比较的综合性指标。钟平安等[56] 利用群组决策特征根法计算指标权重，建立基于最大熵原理的方案评价模型，用于评价济宁市水资源配置方案；解阳阳等[57] 利用极差法对不同指标进行标准化，利用层次分析法确定指标主观权重，通过层次分析法、灰靶理论等建立了多个综合评价指标，最后确定了榆林近期供水网络的最优方案；何国华等[58] 建立了一套水资源配置和谐性评价指标体系，利用熵权法对各指标赋权，通过模糊综合评价方法对不同水资源配置方案进行评价。

目前，黑河流域水资源利用评价研究也取得了不少成果。赵洪杰[59] 以黑河中游梨园河灌区为例，建立了以经济、社会、生态效益三大目标为准则的评价指标体系，并采用层次分析法确定指标权重；李立铮等[60] 结合物元理论和可拓集合论建立了黑河中游水资源可持续利用潜力的物元可拓评价模型；袁伟等[61]、袁华等[62] 和曾国熙等[63] 分别利用投影寻踪决策分析法、模糊物元分析法和基于物元概念的多维递阶评价方法对黑河流域水资源调配方案进行了评价；卢振园等[64] 综合运用改进的层次分析法、成功度评价法和模糊综合评判法对黑河下游调水产生的生态影响进行了评价；赵西宁等[65] 考虑区域社会经济发展水平等因素建立了黑河中游农业节水潜力综合评价指标体系，并针对评价指标不相容问题提出了基于实码加速遗传投影寻踪的农业节水潜力综合评价模型；柳小龙等[66] 构建了由分水方案实施效果等 4 个一级指标及 27 个二级指标组成的黑河干流水量分配方案适应性评价指标体系，在利用层次分析法确定评价指标权重值的基础上对黑河水量分配方案的适应性进行评价。

尽管水资源利用评价研究取得许多重要成果，但仍存在一些突出问题。首先，尽管水资源利用评价有目标也有指标筛选原则，但指标体系构建方法仍没有统一标准；其次，难以保证指标受决策者重视程度与指标贡献重要程度的一致性，不能合理地计算水资源利用评价指标的权重；最后，水资源利用效果的综合评价指标日趋多样化，采用不同综合评价指标可能出现不同的评价结果，如何选择综合评价指标也没有统一标准。

1.3 研究目标及主要内容

本书研究目标：①建立起足够精度要求的黑河流域中长期径流预报模型；②建立起能反映地表水与地下水转换规律的黑河流域中游地下水模型和考虑地表水与地下水联合运用的黑河水资源调配模型；③确定黑河流域不同水平年的最优水资源调配方案，在最优方案基础上制定合理的水资源调配规则。

根据研究目标，设置以下主要研究内容：①分析黑河流域气候与水文特征；

②研究黑河流域中长期径流预报方法；③建立黑河流域地下水模型和地表水与地下水联合调配模型；④构建黑河流域水资源调配方案集，提出黑河流域水资源调配综合评价体系；⑤计算和评价黑河流域水资源调配方案；⑥分析黑河流域水资源调配规律；⑦制定黑河流域水资源调配规则。

1.4 研究思路及技术路线

（1）搜集黑河流域气象水文、水利枢纽、河渠机井等方面的研究资料；结合黑河流域现有气象水文资料，利用站点相关分析法插补或外延气象水文序列；通过 Penman 公式计算水面蒸发；根据站点气象要素，利用泰森多边形法计算面气象要素。

（2）通过 GIS 图展示降水、气温和蒸发空间分布特征；利用分段线性拟合法、Mann－Kendall（M－K）法及秩和检验法等研究降水、气温、蒸发和径流变异性；采用滑动窗相关分析方法研究径流周期性；利用相关分析法研究黑河干支流年径流相关性；通过交叉小波分析径流和降水、气温和蒸发在年尺度上的相关性；利用径流累计距平法确定黑河流域丰、枯水期；利用统计方法确定黑河中游河道水深与流量关系以及下游河道相邻断面流量关系；采用曼宁公式计算黑河中游河段旬均过水宽度和水深。

（3）结合气象水文资料，利用多元回归分析模型、支持向量机和 BP 神经网络、灰色预测模型、确定性成分叠加法和马尔科夫误差修正手段进行黑河流域中长期径流预报，利用层次分析法评价不同中长期预报方法的效果，确定足够精度要求的黑河流域年径流和旬径流预报方法。

（4）以点、线和面几何图形对黑河流域水资源系统进行概化；建立黑河流域中游地下水均衡模型，根据历史调查资料和相关文献确定模型的参数范围；在中游地下水均衡模型基础上，利用模拟和优化技术建立黑河流域地表水与地下水联合调配模型；在多核工作站平台上，利用 C 语言编写可求解复杂多维非线性问题的并行粒子群算法。

（5）确定近期和远期规划水平年，评估不同水平年下水资源调配系统供水侧（水源及输水工程）、需水侧（用户类型、发展规模及节水水平等）状态，拟定可行的水资源调配方案集；确定水资源调配评价准则，根据科学性和可操作性等原则，构建黑河流域水资源调配评价指标体系；采用层次分析法和熵权法分别确定评价指标的主、客观权重，利用主客观综合赋权法计算指标综合权重；建立基于层次分析法、TOPSIS 法等多方法联合的水资源调配评价模型。

（6）利用并行粒子群算法求解黑河中游地下水均衡模型参数，检验地下水均衡模型合理性；在合理的地下水均衡模型基础上，继续利用并行粒子群算法求解不同水平年各方案的水资源调配过程；确定不同水平年各方案的水资源调配评价指标数值，计算不同指标的综合权重；评价近期和远期水平年的水资源调配方案，并推荐不同水平年的最优方案。

（7）从黑河水库群蓄水量、上游梯级水电站发电量、中游灌区取水量等角度分析不同水平年最优方案的水资源调配规律；考虑灌溉、生态和发电多目标需求，绘制合理的黄藏寺水库多目标调度图；考虑中长期径流预报，建立合理的黄藏寺水库调度函数；根据历史径流序列，分别检验基于黄藏寺水库调度图和调度函数的黑河流域水资源调配规则。

本书研究技术路线如图 1.1 所示。

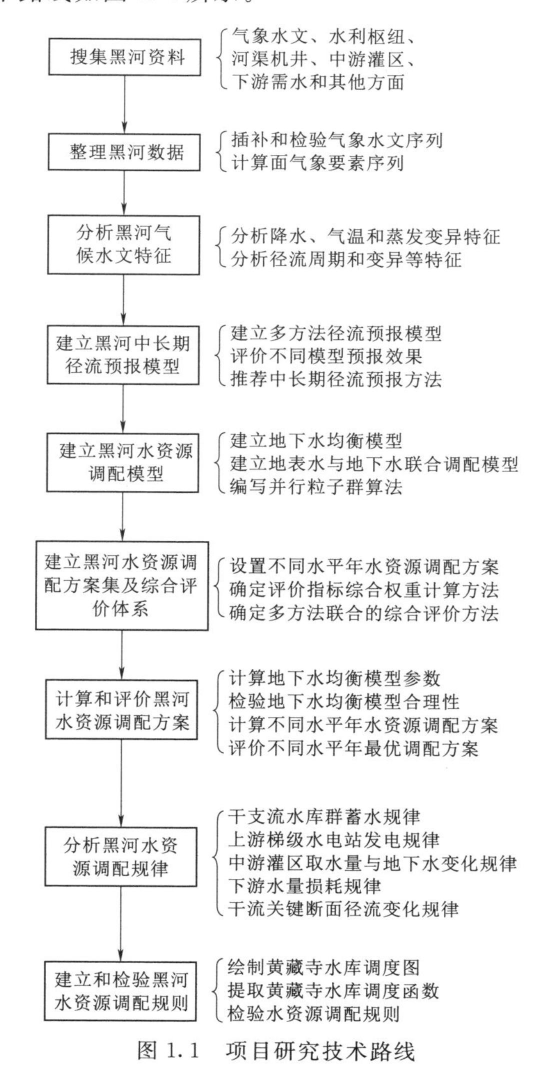

图 1.1 项目研究技术路线

第 2 章

黑河主要研究区域及资料

2.1 黑河流域概况及主要研究区域

黑河流域介于 98°～101°30′E，38°～42°N 之间，面积约为 14.29 万 km^2，干流河长 821km，如图 2.1 所示。莺落峡以上为干流上游，地处山区，分东西两岔，河道比降大，水量较为充沛，不仅是黑河流域的主要产流区，也是该流域的梯级水电开发基地。莺落峡至正义峡之间为中游，地势相对平坦，光热资源丰富，沿岸分布多个灌区，是该流域的主要用水区。正义峡以下为下游，降水稀少，蒸发强烈，生态系统脆弱，是该流域的主要耗水区。

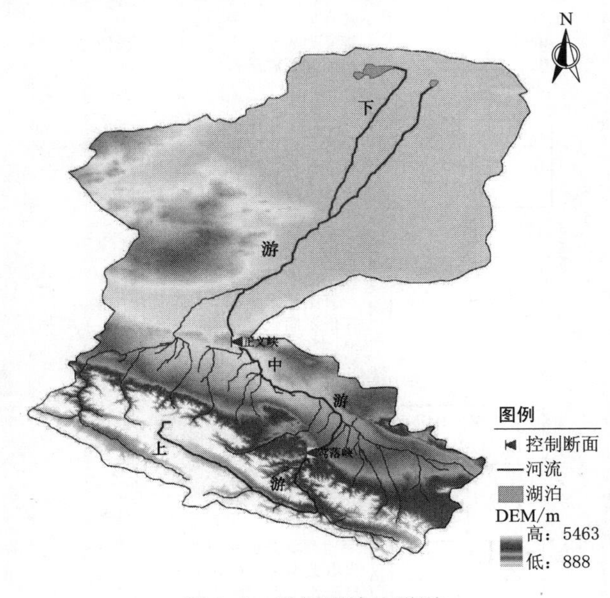

图 2.1 黑河流域地形图

本书主要研究区域包括黑河干流、支流梨园河和干流中游 13 个灌区，如图 2.2 所示。其中，分布在甘州区内的灌区有上三、大满、盈科和西浚 4 个，位于临泽县内的灌区有梨园河、沙河、板桥、平川、鸭暖和蓼泉 6 个，处于高台县境内的灌区有六坝、友联和罗城 3 个。

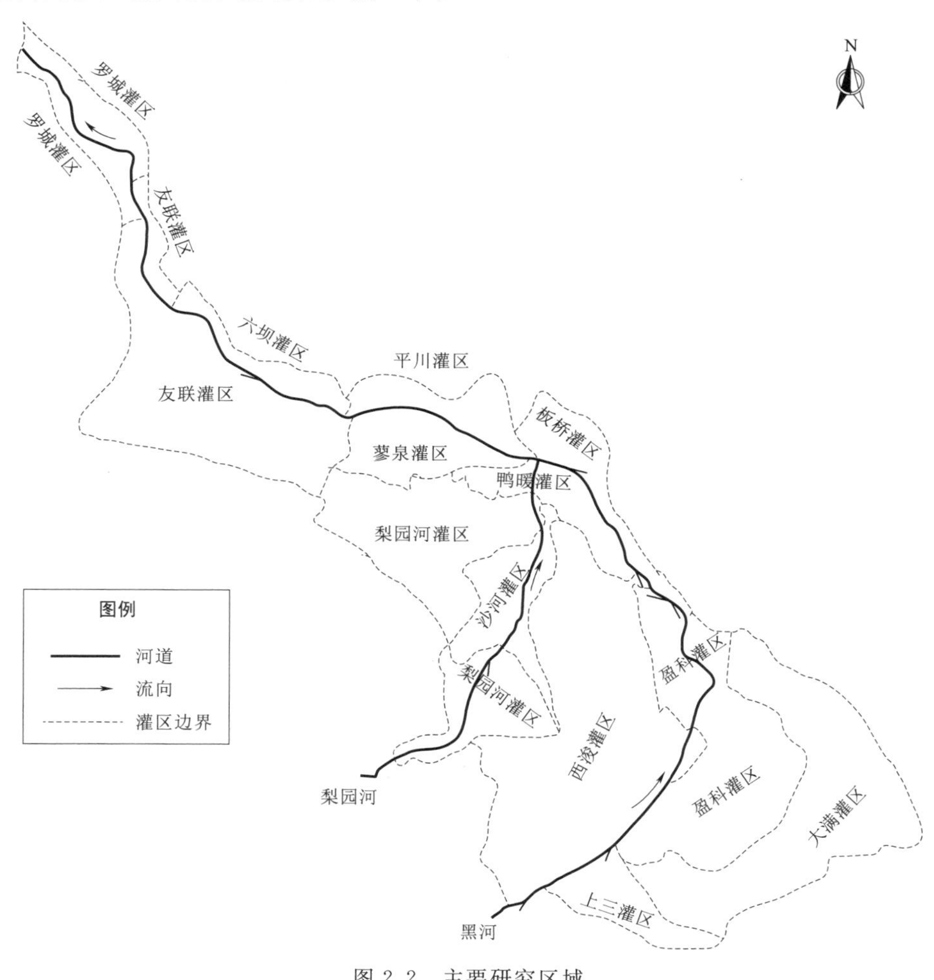

图 2.2　主要研究区域

2.2　资料搜集与整理

2.2.1　资料搜集

1. 气象水文

本书搜集了黑河流域 12 个气象站、8 个水文站和 3 个中游断面的基本资料，气象水文站点和干流断面位置分别如图2.3和图2.4所示。气象数据来源于中国气象数据网，包括逐日降水、气温、风速、相对湿度、日照时间和水面蒸发。除梧桐沟和吉诃德两站缺少水面蒸发资料外，其他气象站水面蒸发资料为E601型蒸发器月蒸发数据（2001.1—2010.12）。黑河流域管理局提供了黑河干流各水文站逐日流量数据、高崖水文站逐日水位数据（1979.1—2014.12）和干流断面的水位及流量数据。特别地，黄河水利委员会（简称“黄委会”）提供了梨园河（黑河支流）梨园堡站2001.1—2013.12逐日还原流量资料。此外，本书从兰州江明水利水电工程设计咨询有限公司（简称“江明公司”）编写的《红山湾水库工程可行性研究报告》中获得了梨园堡站1957—2011年逐年径流量数据。黑河流域气象数据（不含水面蒸发资料）、水文站流量数据及中游断面水位、流量数据收集情况见表2.1。

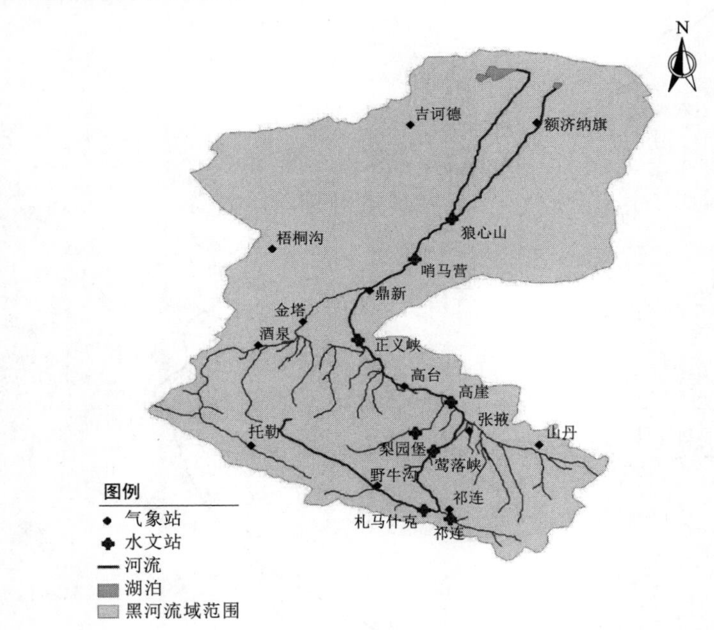

图2.3 黑河流域气象站和水文站

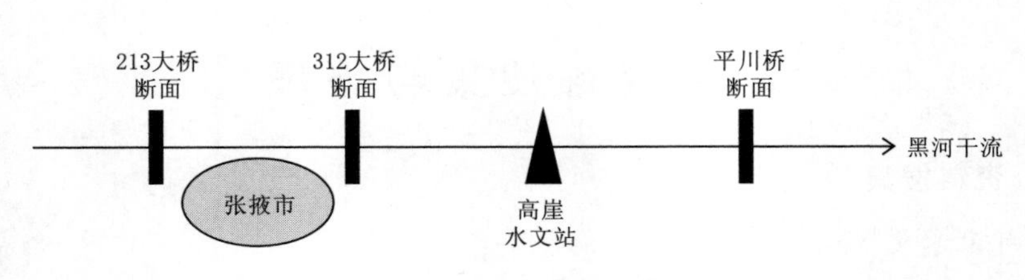

图2.4 黑河干流中游断面

表 2.1　　黑河流域气象水文数据收集情况

地理位置	数据序列	地理位置	数据序列	地理位置	数据序列
托勒①	1957.1—2014.12	鼎新①	1957.1—2014.12	梨园堡②	2001.1—2013.12
野牛沟①	1960.1—2014.12	梧桐沟①	1965.1—2014.12	正义峡②	1957.1—2014.12
祁连①	1957.1—2014.12	吉诃德①	1958.1—1986.12	哨马营②	2000.1—2011.12
张掖①	1957.1—2014.12	额济纳旗①	1959.1—2014.12	狼心山②	2000.1—2011.12
山丹①	1957.1—2014.12	札马什克②	1957.1—2014.12	213 大桥③	1979.1—2014.12
高台①	1957.1—2014.12	祁连②	1967.5—2014.12	312 大桥③	1979.1—2014.12
酒泉①	1957.1—2014.12	莺落峡②	1957.1—2014.12	平川大桥③	1979.1—2014.12
金塔①	1989.1—2014.12	高崖②	1979.1—2014.12		

注　①表示气象站；②表示水文站；③表示干流断面。

2. 水利枢纽

本书主要研究区的重要水电站水库群如图 2.5 所示。

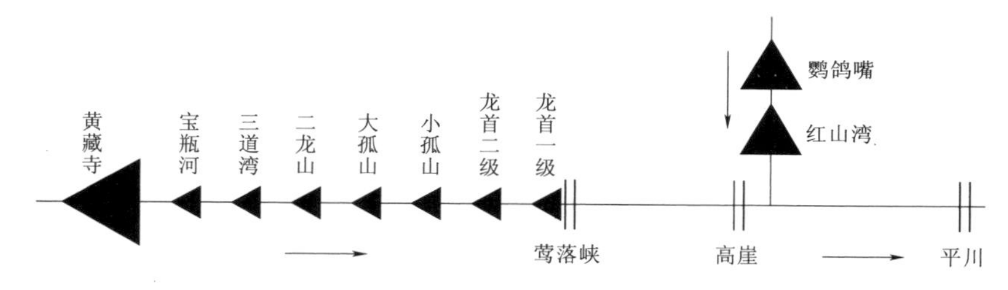

图 2.5　研究区域内水电站水库群

黑河干流上游主要有 8 座梯级水电站水库，分别是黄藏寺（在建）、宝瓶河、三道湾、二龙山、大孤山、小孤山、龙首二级和龙首一级。黄藏寺水库具有年调节能力；其他水电站水库仅具有日调节能力，都可当作径流式水电站对待。黄藏寺水库任务是对黑河中游和下游进行水资源配置，保证正义断面下泄水量达到国务院分水方案要求，兼顾下游额济纳绿洲生态关键期用水需求，同时保证中游地区国务院批复的《近期治理规划》确定的灌溉面积的用水要求。

黑河支流梨园河上先后修建了鹦鸽嘴水库和红山湾水库（简称"鹦—红梯级水库"），都具有季调节能力。鹦鸽嘴水库主要负责灌溉用水，兼顾发电，主要供水范围为梨园河灌区；红山湾水库主要负责居民生活和工业用水，主要供水范围为临泽县城区、乡镇和工业园区。鹦—红梯级水库 2020 年联合调节库容为 2679 万 m^3，其中鹦鸽嘴 1430 万 m^3，红山湾 1249 万 m^3；2030 年联合调节库容为 2394 万 m^3，其中鹦鸽嘴 1238 万 m^3，红山湾 1156 万 m^3。按照梨园河梯级水库蓄水和放水次序，鹦鸽嘴水库先蓄水后供水，以生态、农田灌溉用水为主，红山湾水库后蓄水优先供水，以生活、工业用水为主。

本书取得了以上各水电站水库的工程可行性研究报告及部分水电站水库的实际运行资料。其中，黑河流域10座水电站水库的部分经济技术参数见表2.2。

表2.2　黑河流域水电站水库部分经济技术参数

水电站水库	调节库容/万 m^3	装机容量/MW	综合出力系数	保证出力/MW	年均发电量/(亿 kW·h)
黄藏寺	33400	49	8.2	6.20	2.08
宝瓶河	132	123	8.4	14.90	4.14
三道湾	170	112	8.3	13.94	4.00
二龙山	—	50.5	8.0	6.03	1.74
大孤山	14	65	8.0	8.60	2.01
小孤山	130	90	8.3	14.09	3.71
龙首二级	200	157	8.5	17.70	5.28
龙首一级	460	52	8.0	6.88	1.84
鹦鸽嘴	1430	3.75	7.5	1.06	0.135
红山湾	1249	—	—	—	—

注　“—”表示不存在数据。

3. 中游灌区

本书研究区域13个灌区都属于大中型灌区，灌区最大面积超过40万亩，最小面积也超过4万亩。结合项目研究需要，搜集到2000年、2010年和2012年各灌区耕作面积、灌溉需水量、工业生活需水量、地表取水量、地下水开采量以及2005—2012年各灌区地下水位等资料。此外，本书还获得了各灌区的地表高程数据。

4. 河渠机井

为满足农业灌溉和工业生活需水，研究区内的每个灌区都修筑了许多干、支、斗、农渠道，开挖了许多机井。为此，本书搜集了中游不同河段河长、河宽、河底高程、河道坡降、渠系地理分布图、渠系输水能力、渠系水利用系数、渠系水入渗补给系数、机井深度、机井取水能力、井灌水入渗补给系数等资料。

5. 下游需水

根据国务院批复的《黑河流域近期治理规划》的分水目标以及黄委会设计院编制的《黑河水资源开发利用保护规划》，黑河干流下游鼎新片区多年平均引水量不超过9000万 m^3，东风场区多年平均引水量不超过6000万 m^3。

2000年以来，为缓解中游农业用水和下游生态用水之间的矛盾，黑河流域管理局一直将国务院批复的“97”分水曲线作为黑河水资源调配的指导准则，即根据莺落峡断面的年下泄水量确定正义峡断面的年下泄水量，如图2.6所示。

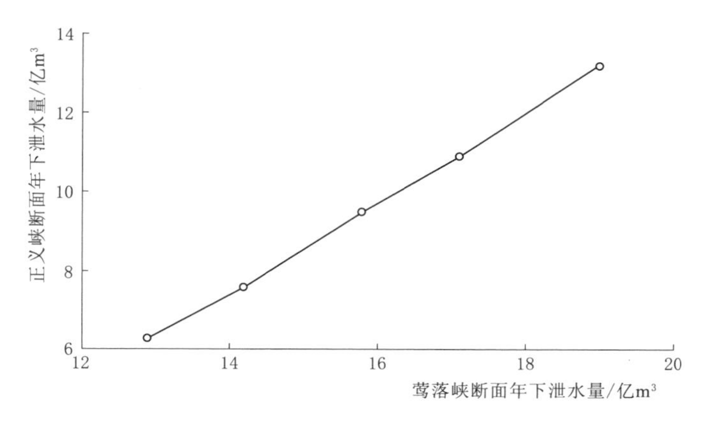

图 2.6 黑河流域"97"分水曲线

根据黄河水利委员会和中国科学院寒区旱区环境与工程研究所提供的资料，为防止黑河狼心山断面以下生态恶化，狼心山断面在生态关键需水期（4月和8月）多年平均下泄水量不应小于1.88亿m^3。

综上所述，黑河下游生态需水要求包括两个方面：①正义峡断面多年平均下泄水量不应小于"97"分水方案要求的多年平均水量；②狼心山断面在下游生态需水关键期的多年平均下泄水量不应小于指定水量。

6. 其他资料

本书还搜集了水利部2001年批复的《黑河流域近期治理规划》、黄委会水文局2006年编写的《黑河流域地表水与地下水转换规律研究》、黄河勘测规划设计有限公司2007年编写的《黑河流域水资源开发利用保护计划》、河海大学2010年编写的《黑河流域近期治理后评价报告》（征求意见稿）、黑河流域管理局和中国科学院寒区旱区环境与工程研究所2012年共同编写的《黑河流域中下游生态环境动态变化调查分析》和《黑河中游地区水资源开发利用效率评估》、黑河流域管理局和黄河水利科学研究院引黄灌溉工程技术中心2013年共同编写的《黑河流域中游地表水和地下水优化配置技术方案编制》等报告资料。

2.2.2 资料整理

1. 气象数据插补延长

根据气象资料收集情况，黑河流域有5个站点的气象资料不够要求的时间长度。其中，野牛沟站缺少1957—1959气象资料，金塔站缺少1957—1988年气象资料，梧桐沟站仅有1965—1988年气象资料，吉诃德站仅有1958—1986年气象资料，额济纳旗缺少1957—1958年气象资料。为了分析黑河流域气候变化特征，有必要对以上站点的气象资料进行外延。

气象资料外延采用相邻站点实测资料，通过多元回归分析方法模拟得到5

个站点的气象数据。具体地，野牛沟站资料由托勒站和祁连站资料负责外延，金塔站资料由酒泉站和鼎新站资料负责外延，吉诃德站和额济纳旗站互为对方提供外延资料，资料拟合度以模拟数据序列和实测数据序列线性相关系数的平方（R^2）表示。

$$R^2=\frac{\left[\sum_{i=1}^{n}(x_i^{\text{obs}}-x_{\text{avg}}^{\text{obs}})(x_i^{\text{sim}}-x_{\text{avg}}^{\text{sim}})\right]^2}{\sum_{i=1}^{n}(x_i^{\text{obs}}-x_{\text{avg}}^{\text{obs}})^2\sum_{i=1}^{n}(x_i^{\text{sim}}-x_{\text{avg}}^{\text{sim}})^2} \tag{2.1}$$

式中：n 为序列长度；$x_i^{\text{obs}}(i=1,\cdots,n)$ 为实测值；x_i^{sim} 为模拟值；$x_{\text{avg}}^{\text{obs}}$ 为实测均值；$x_{\text{avg}}^{\text{sim}}$ 为模拟均值。

本书重点介绍降水和气温数据的外延情况。野牛沟、金塔和吉诃德 3 个站点年降水和年均气温资料模拟和外延结果如图 2.7 和图 2.8 所示。

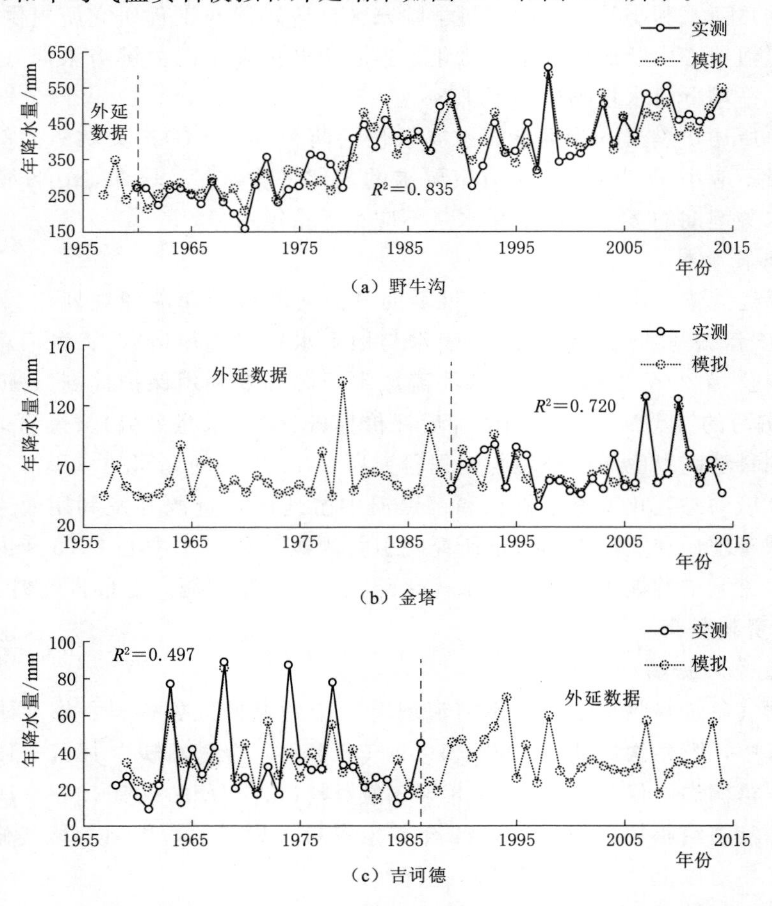

图 2.7 黑河流域野牛沟、金塔和吉诃德站年降水量数据外延

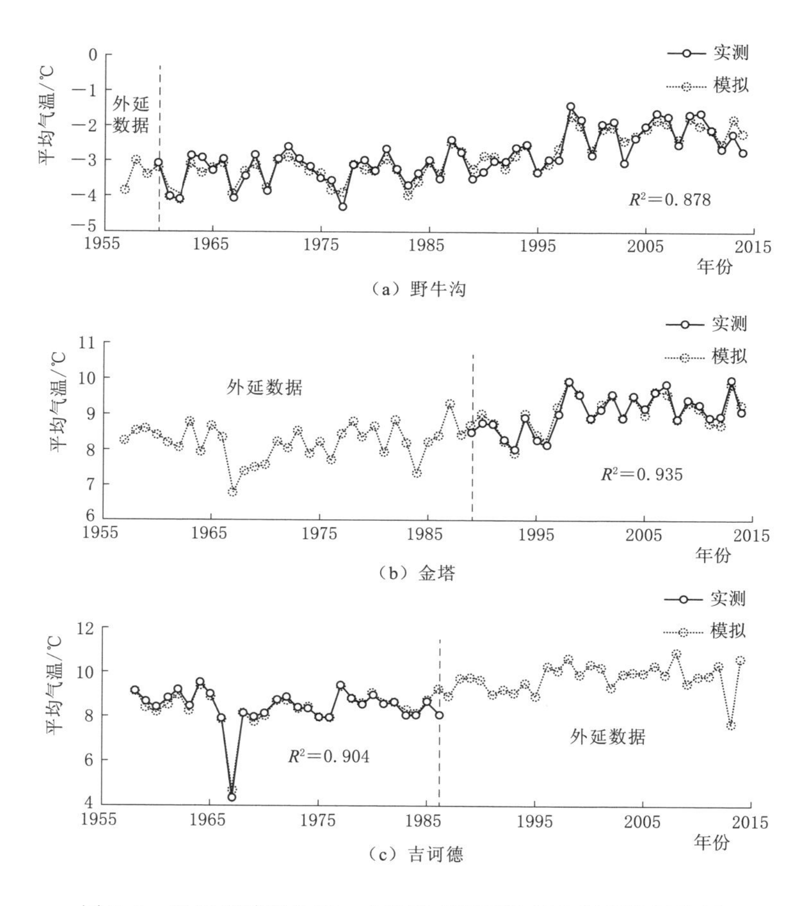

图 2.8　黑河流域野牛沟、金塔和吉诃德站年均气温数据外延

由图 2.7 和图 2.8 看出，以上 3 个站点年均气温数据的模拟效果整体优于年降水数据，吉诃德站年降水数据的拟合效果相对较差。此外，本书还利用相邻站点（包括域外站点）模拟了梧桐沟站的气象资料，拟合效果很差，最大拟合度不超过 0.3，外延资料不可靠。获得黑河流域站点降水和气温数据后，利用泰森多边形法计算面降水和面气温数据。

2. 水面蒸发模拟

黑河流域水面蒸发实测资料有限，在已有实测水面蒸发资料基础上，本书采用 Penman 公式模拟各气象站点水面蒸发，通过泰森多边形法合成，计算流域面上水面蒸发。Penman 水面蒸发计算公式[67-68] 如下：

$$E_0=\frac{\Delta}{\Delta+\gamma}\frac{R_n-G}{\lambda}+\frac{\gamma}{\Delta+\gamma}\frac{6.43(1+0.536u_2)(e_s-e)}{\lambda} \tag{2.2}$$

式中：E_0 为水面蒸发量，mm/d；Δ 为饱和水汽压与温度曲线斜率，kPa/℃；γ 为干湿球常数，kPa/℃；R_n 为水面净辐射，MJ/(m^2 · d)；G 为水体热通量，MJ/(m^2 · d)；u_2 为水面 2m 高处日均风速，m/s；e_s-e 为空气饱和水汽压差，kPa；λ 为蒸发潜热，MJ/dm^3。

在式（2.2）中，G 在日尺度下可以忽略不计。水面净辐射 R_n 经验计算公式[69] 如下：

$$\frac{R_n}{R_0}=a\frac{S}{S_0}+b \tag{2.3}$$

式中：R_0 为天文日辐射总量，MJ/(m^2 · d)；S 为实际日照时数，h；S_0 为理想日照时数，h；a 和 b 为无量纲经验系数。

天文日辐射总量和理想日照时数计算公式[70-71] 如下：

$$R_0=2fI_0(\omega\sin\theta\sin\delta+\cos\theta\cos\delta\sin\omega) \tag{2.4}$$

$$S_0=4\arcsin\left(\sqrt{\frac{\sin[\pi/4+(\theta-\delta+\varphi)/2]\sin[\pi/4+(\theta-\delta-\varphi)/2]}{\cos\theta\cos\delta}}\right) \tag{2.5}$$

式中：f 为日地距离修正系数；I_0 为太阳辐射常数，MJ/(m^2 · d)；ω 为日落时角，弧度；θ 为地理纬度，弧度；δ 为太阳赤纬，弧度；φ 为蒙气差，弧度。

黑河流域梧桐沟和吉诃德站缺乏足够气象资料，故不再对该两站水面蒸发进行计算。黑河流域其他气象站点 2001 年 1 月至 2010 年 12 月的月水面蒸发模拟效果如图 2.9 所示，月序号自 2001 年 1 月开始算起，各站月水面蒸发拟合度在 0.95～0.99 之间。因此，本书可以利用式（2.2）和式（2.3）及率定的经验系数模拟黑河流域历史水面蒸发过程。

为了便于分析黑河上、中游年水面蒸发的时空特征，本书利用相邻站点计算水面蒸发数据对野牛沟和金塔两站计算水面蒸发资料进行外延，结果如图 2.10 所示。由拟合度可知，野牛沟站计算水面蒸发数据拟合效果相对金塔站较差。

3. 径流数据整理

黑河流域上游祁连水文站缺少 1957 年 1 月—1967 年 4 月的流量资料。根据相邻水文站札马什克和莺落峡两站的流量资料，通过多元回归分析法对该站流量数据进行外延，结果如图 2.11 所示。祁连站旬流量数据拟合度超过 0.9，外延数据可靠性较高。

梨园堡站是黑河支流梨园河的主要控制站。根据水文资料收集情况，梨园堡站的径流数据有两套，分别来自黄委会和江明公司，其中黄委会数据是逐日流量数据，江明公司数据是年径流数据，有必要检验两套数据的一致性。将相同年限（2001—2010 年）的两套梨园堡站年径流数据作比较，如图 2.12 所示。两套相同年限的年径流数据拟合度接近 0.99，黄委数据和江明数据具有很好的一致性，可以互为补充。

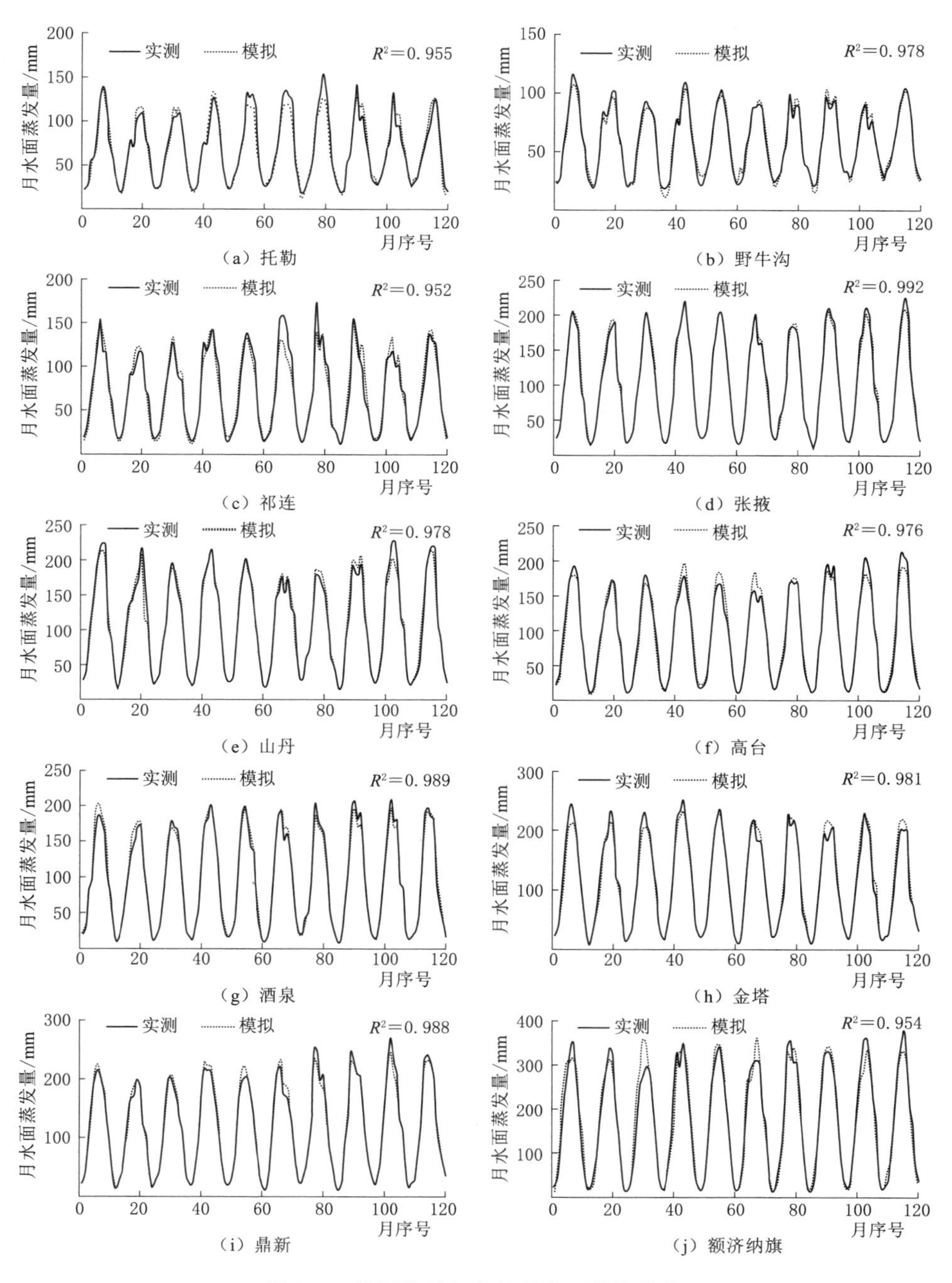

图 2.9 黑河流域气象站月水面蒸发模拟

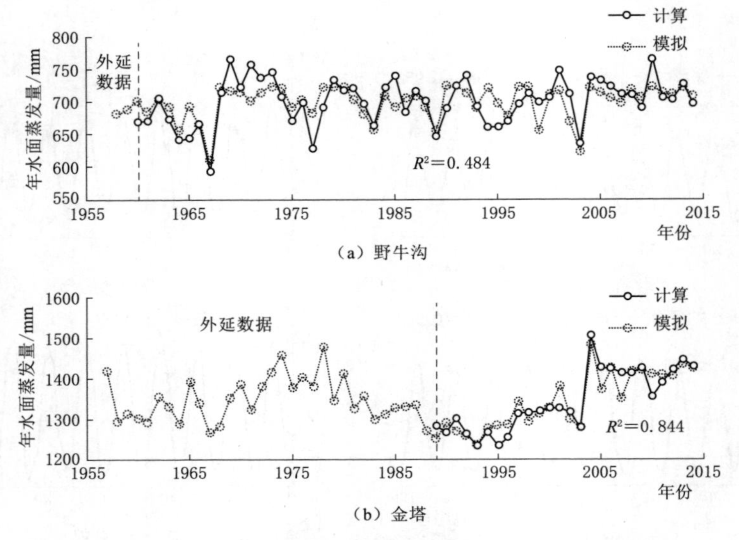

（a）野牛沟

（b）金塔

图 2.10 黑河流域野牛沟和金塔站年水面蒸发数据外延

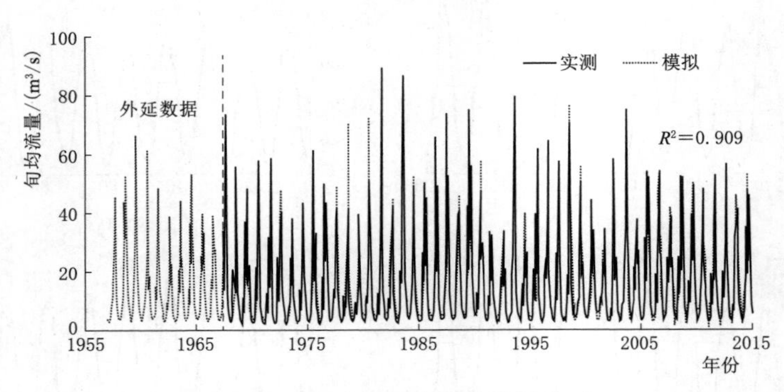

图 2.11 祁连站旬均流量数据外延

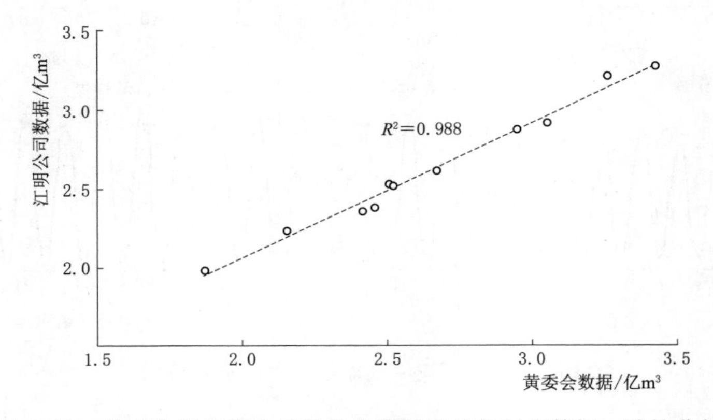

图 2.12 黄委会和江明公司提供的梨园堡站年径流数据一致性分析

4. 中游灌区分割

考虑到黑河中游地下水模型建模需要，根据黑河干流控制断面、河道及地下水交换情况，将盈科分割成4个子灌区，分别将西浚、梨园河、鸭暖、平川、蓼泉、友联和罗城分割成2个子灌区，总计23个灌区及子灌区，如图2.13所示。

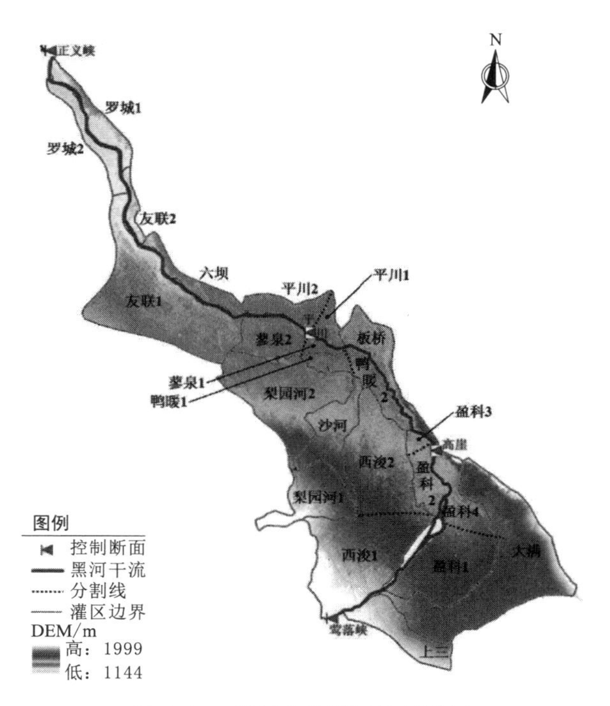

图2.13 黑河中游灌区及子灌区

2.3 本 章 小 结

本章简述了黑河流域概况，说明了主要研究区域，重点介绍了资料收集和整理情况。本书时限为2014年1月至2017年12月，黑河流域1957年之前的气象水文资料缺失严重，可靠性也差。因此，本书确定资料时间范围为1957年1月至2014年12月，搜集到的资料类型包括黑河流域气象水文、水利枢纽、中游灌区、河渠机井、下游需水及相关项目技术报告等。经过整理，数据资料基本满足研究需要。

第 3 章

黑河流域气候水文特征

3.1 时间序列分析方法

3.1.1 滑动窗口相关分析

滑动窗口相关分析（moving window correlation analysis，MWCA）法是一种有效的时间序列周期识别方法，相比快速傅里叶变换法、极大熵谱分析法和小波变换法更容易排除噪声干扰，准确捕捉时间序列的显著周期成分[72]。其主要公式如下：

$$X_T(\tau)=\frac{1}{n}\sum_{i=1}^{n}X[\tau+(i-1)T] \tag{3.1}$$

$$n=\begin{cases}[N/T], & \tau>N-[N/T]T\\ [N/T]+1, & \tau\leqslant N-[N/T]T\end{cases} \tag{3.2}$$

$$U=\frac{\sum_{t=1}^{N}X(t)X_T(t)}{\sqrt{\sum_{t=1}^{N}X^2(t)\sum_{t=1}^{N}X_T^2(t)}} \tag{3.3}$$

$$U_{\text{test}}=(T/N)^{c(\alpha)} \tag{3.4}$$

$$f(T)=\begin{cases}\dfrac{bm_T}{N-B_{\min}+b}, 2T\leqslant B_{\min}\\ \dfrac{bm_T}{N-2T+b}, 2T>B_{\min}\end{cases} \tag{3.5}$$

$$\max F=\sum G[f_{\min},\mu_{\max};f(T)] \tag{3.6}$$

式中：X_T 为以 T 为周期的周期成分；τ 为最简周期相位；n 为相同最简周期相位在时间序列 X 中的出现次数；$N(N\geqslant 22)$ 为时间序列长度；U 为周期成分统计量；U_{test} 为周期显著性临界值；$c(\alpha)$ 为对应显著性水平 α 的检验指数；

$f(T)$ 为周期成分 T 的时域覆盖度；b 为滑动窗最小移动间隔；B_{min} 为滑动窗最小宽度；m_T 表示 X_T 的时频中心数量；F 是所有显著周期时域覆盖度的总和；G 为周期成分过滤变换；f_{min} 为周期成分最小时域覆盖度，取 0.1；μ_{max} 为周期成分最大分离系数，取 1。

利用 MWCA 法识别和提取时间序列周期成分的计算过程如下：

1）通过式（3.1）和式（3.2）构造时间序列周期成分；

2）在给定显著性水平 α 时，利用式（3.3）和式（3.4）确定显著周期成分；

3）利用式（3.5）和式（3.6）滤掉伪周期成分和复合周期成分，最终确定时间序列的简单显著周期成分。

3.1.2 交叉小波变换

交叉小波变换是在传统小波分析基础上发展起来的一种新的多信号多尺度分析技术，不仅能够有效的分析两个时间序列间的相关程度，而且能够反映两者在时域和频域上的位相结构和细部特征[73]。

假设 $W_n^X(L)$ 和 $W_n^Y(L)$ 分别为两个时间序列 X 与 Y 的连续小波变换，它们之间的交叉小波变换为 $W_n^{XY}=W_n^X(L)W_n^{Y*}(L)$，其中 $W_n^{Y*}(L)$ 为 $W_n^Y(L)$ 复共轭，$n(n\geqslant 30)$ 为序列长度，L 为时滞。交叉小波功率谱分布式如下：

$$D\left(\left|\frac{W_n^X(L)W_n^{Y*}(L)}{\sigma_X\sigma_Y}\right|<p\right)=\frac{Z_\nu(p)}{\nu}\sqrt{P_k^XP_k^Y} \tag{3.7}$$

式中：σ_X 与 σ_Y 分别为时间序列 X 和 Y 的标准差；$Z_\nu(p)$ 为与概率 p 有关的置信度（对应于显著性水平 α）；ν 为自由度；P_k^X 与 P_k^Y 分别为时间序列 X 和 Y 的傅里叶红噪声谱。

傅里叶红噪声谱：

$$P_k=\frac{1-b^2}{1+b^2-2b\cos(2\pi k/N)},k=1,2,\cdots,N/2 \tag{3.8}$$

式中：b 为一阶自回归系数；N 为红噪声序列长度。

3.1.3 变异诊断

（1）分段线性拟合。

分段线性拟合可以有效辨析时间序列的变化特征，分段越多越能反映时间序列的局部波动特征，分段越少越能体现时间序列的中长期趋势[74]。利用分段线性拟合方法可有效获得时间序列的最优分割点，而最优分割点也是时间序列内部趋势变化的最可能突变点。

设时间序列 $X=(x_1,x_2,\cdots,x_n)$ 长度为 $n(n\geqslant 22)$，当给定时间序列分段数量 m 和最小分段长度 $l(l>10)$ 时，分段线性拟合目标为拟合误差平方和 f 最小化。

$$f=\sum_{i=1}^{n}(x_i-x_i^j)^2 \tag{3.9}$$

式中：$x_i(i \leqslant n)$ 为时间序列 X 中第 i 个位置的数值，x_i^j 为 x_i 对应的第 $j(j \leqslant m)$ 段线性拟合值。

时间序列 X 的最多分段数为 $[n/11]$（不大于 $n/11$ 的最大整数），最少分段数为 2。为同时反映时间序列的中长期趋势和局部波动特征，时间序列的经验分段数 m 计算如下：

$$m=[\sqrt{2n/11}] \tag{3.10}$$

（2）秩和检验法。

秩和检验法是检验时间序列均值突变显著性的常用方法之一[75]。设时间序列 X 的可能突变点为 τ，τ 前后子序列长度分别为 n_1 和 n_2。将时间序列 X 从小到大或从大到小排序并统一编号（从 1 开始），每个数对应的编号定义为该数的秩。记长度短的序列数值的秩之和为 W。但 n_1、$n_2>10$ 时，W 趋于正态分布。定义统计量：

$$U=\frac{W-n_1(n_1+n_2+1)/2}{\sqrt{n_1 n_2(n_1+n_2+1)/12}} \tag{3.11}$$

给定显著性水平 α 后，查算 $U_{\alpha/2}$。若 $|U|>U_{\alpha/2}$，则时间序列均值在 τ 位置发生显著突变，否则没有显著突变。

（3）M-K 检验法。

M-K 检验法是一种非参数统计检验方法，常用来评估时间序列的变化趋势。其优点是不需要样本遵从一定的分布规律，也不受少数异常值的干扰，更适用于类型变量和顺序变量[75]。

M-K 检验法的计算公式如下：

$$S=\sum_{k=1}^{n-1}\sum_{j=k+1}^{n}\operatorname{sign}(x_j-x_k) \tag{3.12}$$

$$\operatorname{sign}(x_j-x_k)=\begin{cases}+1,(x_j-x_k)>0\\ 0,(x_j-x_k)=0\\ -1,(x_j-x_k)<0\end{cases} \tag{3.13}$$

$$Z=\begin{cases}\dfrac{S-1}{\sqrt{n(n-1)2(n+5)/18}} & ,S>0\\ 0 & ,S=0\\ \dfrac{S+1}{\sqrt{n(n-1)2(n+5)/18}} & ,S<0\end{cases} \tag{3.14}$$

式中：S 为时间序列 X 的秩和；n 为时间序列长度；Z 为表征时间序列趋势的统计量，当 $n>10$ 时，Z 趋于正态分布。

给定显著性水平 α 后，查算 $Z_{\alpha/2}$。若 $|Z|>Z_{\alpha/2}$，则时间序列具有显著趋势，否则没有显著趋势。

（4）斜截诊断法。

斜截诊断法用于判断时间序列均值变异是趋势主导型还是跳跃主导型，分析趋势成分和跳跃成分在均值变异中的作用。Ox 轴左侧线段 l_1 和右侧线段 l_2 具有不同的斜率（k_1、k_2）和截距（b_1、b_2），如图 3.1 所示。

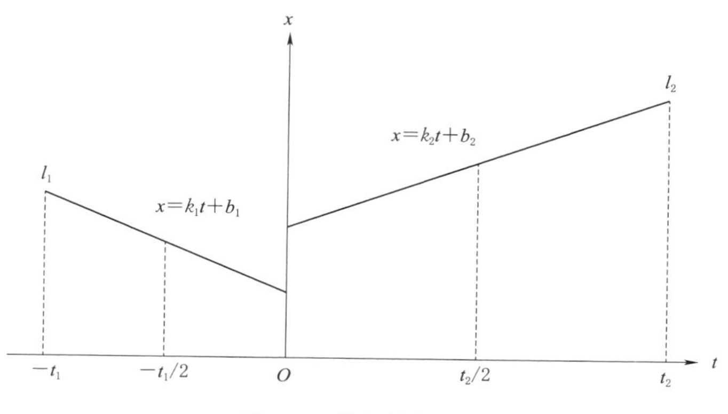

图 3.1　线段转折示意

设线段 l_1 在 $-t_1$～O 内的纵坐标均值为 x_1，线段 l_2 在 O～t_2 内的纵坐标均值为 x_2，则有

$$x_2-x_1=\frac{1}{2}(\omega_1k_1+\omega_2k_2)(t_1+t_2)+(b_2-b_1) \tag{3.15}$$

式中：ω_1、ω_2 分别为 t_1、t_2 占 t_1+t_2 的比重，两者之和为 1。线段 l_1 和 l_2 的纵坐标均值差 x_2-x_1 由等式右侧两项构成，第 1 项为斜率项，第 2 项为截距项。当两项同号时，两者绝对值之和越大，$|x_2-x_1|$ 越大；当两项异号时，若两者绝对值之差越大，则 $|x_2-x_1|$ 越大，否则 $|x_2-x_1|$ 越小。

当时间序列突变点前后两个子序列均值差异显著时，通过分段线性拟合获得子序列的趋势线，通过式（3.15）计算均值变异的斜率项和截距项。若斜率项绝对值大于截距项，则时间序列在该突变点的均值变异属于趋势主导型，否则时间序列在该突变点的均值变异属于跳跃主导型。

3.2　黑河流域气候特征

3.2.1　空间分布特征

黑河流域年降水量和年均气温空间分布如图 3.2 和图 3.3 所示。黑河整个流域多年平均降水量为 110mm，多年平均气温为 6.6℃，属于我国寒区旱区。在黑河流域上游，多年平均降水量为 284mm，多年平均气温为 0.4℃；在中游，多年平均降水量为 112mm，多年平均气温为 7.6℃；在下游，多年平均降水量

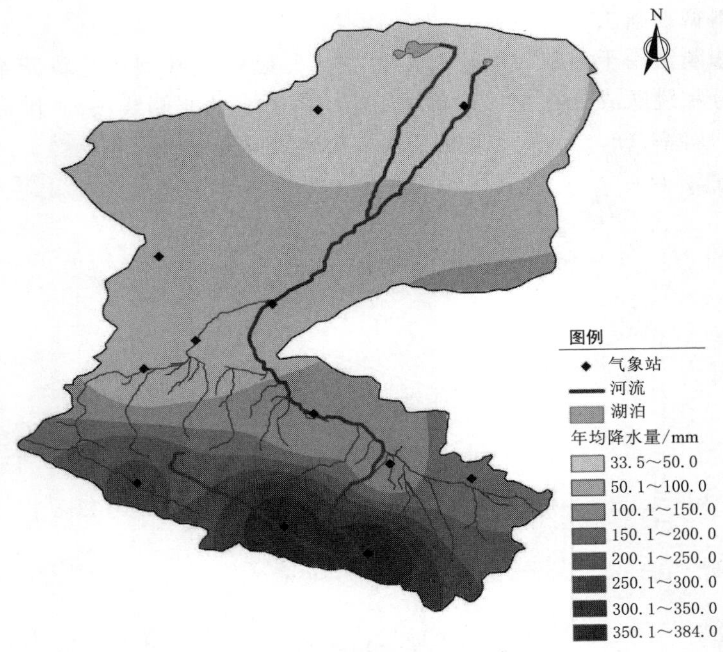

图 3.2 黑河流域年均降水量空间分布

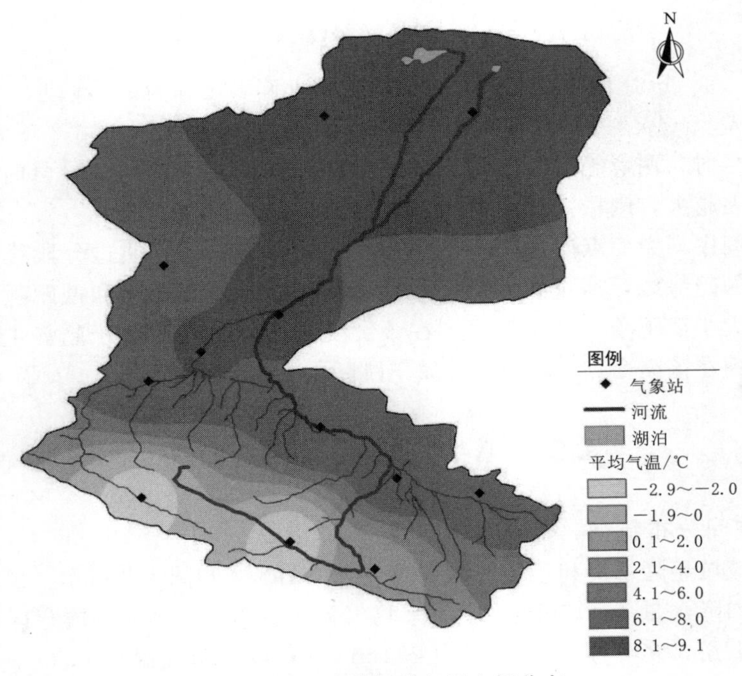

图 3.3 黑河流域年均气温空间分布

为 41mm，多年平均气温为 8.8℃。祁连山区截留了大部分来自大西洋、北冰洋和中亚腹地的水汽[76]，造成黑河流域年降水量自上游往下游逐渐减少；受地形南高北低影响，黑河流域年均气温自上游往下游逐渐升高。

黑河流域年均水面蒸发量空间分布如图 3.4 所示。黑河流域年均水面蒸发量是自上游往下游逐渐增加。黑河流域上游年均水面蒸发量约为 891mm，中游年均水面蒸发量约为 1221mm。黑河流域下游年均水面蒸发量最大，其中鼎新站年均水面蒸发量约为 1372mm，额济纳旗站年均水面蒸发量约为 2081mm。气温是影响流域水面蒸发量的重要因素，故黑河流域年均水面蒸发量与年均气温的空间分布特征基本一致。

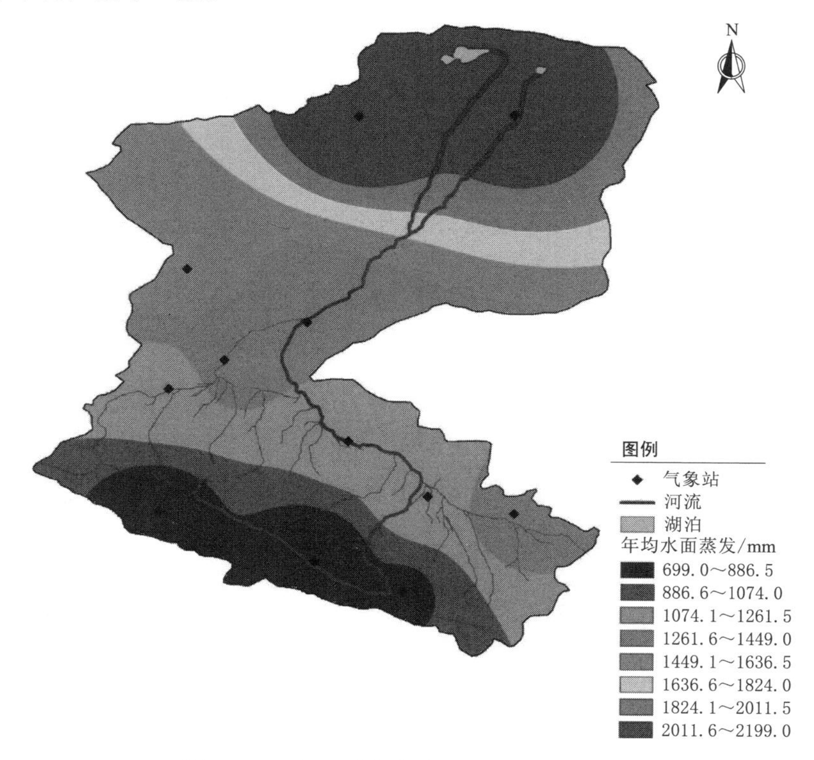

图 3.4 黑河流域年均水面蒸发量空间分布

3.2.2 时间变化特征

本书气候要素年值序列长度为 58 年（1957—2014 年），按式（3.10）计算得到经验分段数为 3。因此，按 3 段对气候要素年值序列进行分段线性拟合。此外，气候要素年值序列均值变异和趋势的显著性水平 α 都取 0.05。黑河流域年降水序列变异分析结果见图 3.5 和表 3.1，年均气温序列变异分析结果见图 3.6 和表 3.2，年水面蒸发序列变异分析结果见图 3.7 和表 3.3。

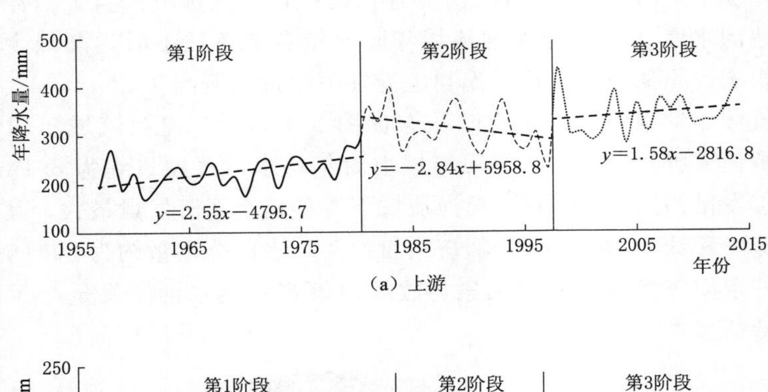

(a) 上游

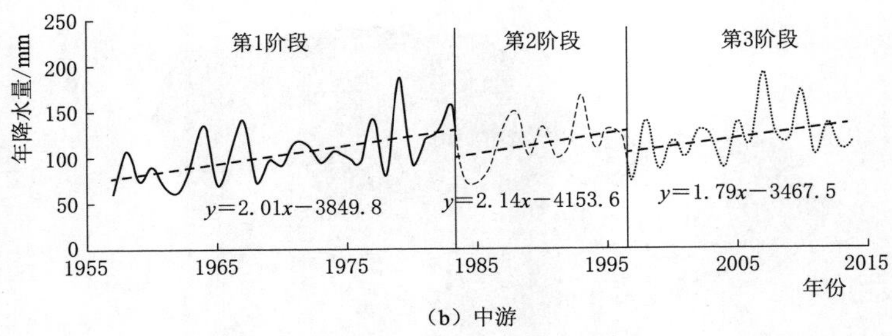

(b) 中游

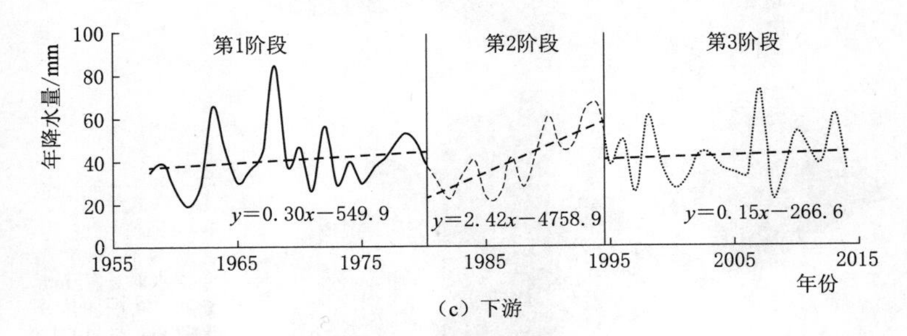

(c) 下游

图 3.5 黑河流域分区年降水量随时间变化特征

表 3.1 黑河流域分区年降水序列变异诊断

流域位置	第 1 阶段	第 1 分割点	第 2 阶段	第 2 分割点	第 3 阶段
上游	1957—1980 年	1980 年	1981—1997 年	1997 年	1998—2014 年
	趋势显著	均值变异显著	趋势不显著	均值变异显著	趋势不显著
中游	1957—1983 年	1983 年	1984—1996 年	1996 年	1997—2014 年
	趋势显著	均值变异不显著	趋势不显著	均值变异不显著	趋势不显著
下游	1958—1980 年	1980 年	1981—1994 年	1994 年	1995—2014 年
	趋势不显著	均值变异不显著	趋势显著	均值变异不显著	趋势不显著

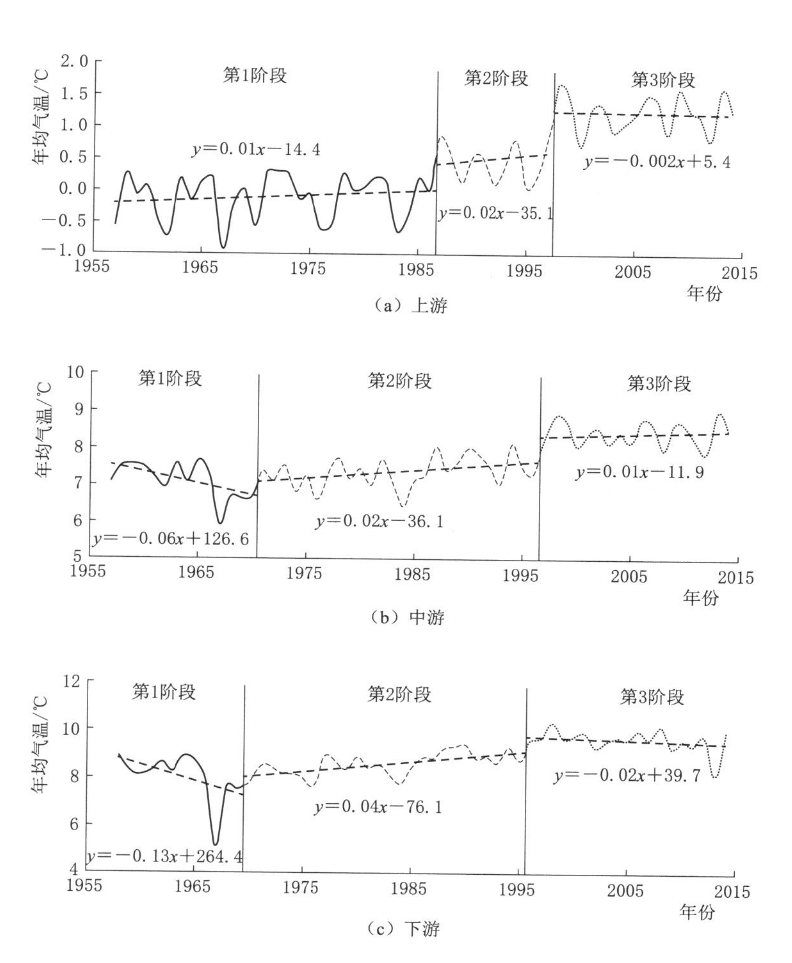

图 3.6 黑河流域分区年均气温随时间变化特征

表 3.2 **黑河流域分区年均气温序列变异诊断**

流域位置	第 1 阶段	第 1 分割点	第 2 阶段	第 2 分割点	第 3 阶段
上游	1957—1986 年	1986 年	1987—1997 年	1997 年	1998—2014 年
	趋势不显著	均值变异显著	趋势不显著	均值变异显著	趋势不显著
中游	1957—1970 年	1970 年	1971—1996 年	1996 年	1997—2014 年
	趋势显著	均值变异不显著	趋势不显著	均值变异显著	趋势不显著
下游	1958—1969 年	1969 年	1970—1995 年	1995 年	1996—2014 年
	趋势显著	均值变异不显著	趋势显著	均值变异显著	趋势不显著

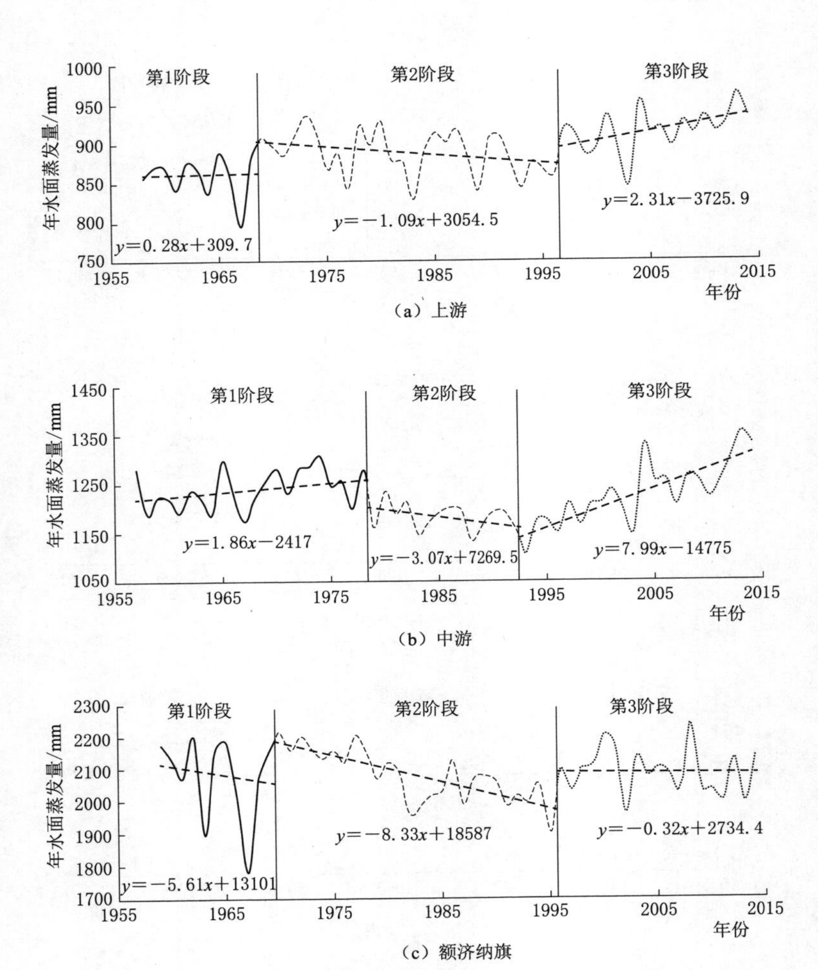

图 3.7 黑河流域分区年水面蒸发量随时间变化特征

表 3.3 黑河流域分区年水面蒸发序列变异诊断

流域位置	第 1 阶段	第 1 分割点	第 2 阶段	第 2 分割点	第 3 阶段
上游	1958—1968 年	1968 年	1969—1996 年	1996 年	1997—2014 年
	趋势不显著	均值变异显著	趋势显著	均值变异显著	趋势不显著
中游	1957—1978 年	1978 年	1979—1992 年	1992 年	1993—2014 年
	趋势不显著	均值变异显著	趋势不显著	均值变异显著	趋势显著
额济纳旗	1959—1969 年	1969 年	1970—1995 年	1995 年	1996—2014 年
	趋势不显著	均值变异不显著	趋势显著	均值变异不显著	趋势不显著

黑河流域上游年降水时间序列最优分割点为1980年和1997年，中游年降水序列最优分割点为1983年和1996年，下游年降水序列的最优分割点为1980年和1994年。黑河流域上游年降水量在1957—1980年间呈显著增加趋势，在1980年后均值显著增加，在1981—1997年间无明显趋势，在1997年后均值再次显著增加，在1998—2014年间无明显趋势。中游年降水量在1957—1983年间有显著增加趋势，随后没有发生显著的趋势和均值变异。下游年降水量在1981—1994年间有明显增大趋势，但在前后两个阶段并未出现明显的趋势和均值变异。就整体趋势而言，黑河流域上游和中游年降水量都有明显增加，其中流域上游尤为突出，而下游年降水量没有显著趋势。

黑河流域上游年均气温序列最优分割点为1986年和1997年，中游年均气温序列最优分割点为1970年和1996年，下游年均气温序列最优分割点为1969年和1995年。黑河流域上游年均气温分别在1986年和1997年各发生一次均值变异，均值变异前后没有出现明显趋势。中游年均气温在1957—1970年间显著降低，在1970年后未出现均值变异，在1971—1996年间无明显趋势，在1996年发生一次均值增加，在1997—2014年间没有明显趋势。下游年均气温在1958—1969年间明显下降，在1969年后没有发生均值变异，在1970—1995年间显著升高，在1995年后发生均值增加，随后没有出现明显趋势。总体而言，黑河流域寒区气候暖化迹象突出，上游、中游和下游年均气温在1957—2014年间都显著升高，整个流域20世纪90年代中期以后的年均气温比之前的年均气温高出约1.2℃。

黑河流域下游梧桐沟和吉诃德站没有足够长度的年水面蒸发资料，其年水面蒸发特征分析将以额济纳旗为代表站。通过分段线性拟合，黑河流域上游年水面蒸发序列最优分割点为1968年和1996年。该分区年水面蒸发量在1958—1968年间没有显著趋势，在1968年后均值明显增加，在1969—1996年间呈显著下降趋势，在1996年后均值再次增加，随后没有出现显著趋势。中游年水面蒸发序列最优分割点为1978年和1992年。该分区年水面蒸发量在1957—1978年间未出现明显趋势，在1978年后均值显著减少，在1979—1992年间无显著趋势，在1992年后均值又显著增加，在1992—2014年间呈明显增加趋势。额济纳旗站年水面蒸发序列最优分割点为1969年和1995年。该站年均水面蒸发量在1970—1995年间呈显著下降趋势，在其他时间阶段没有明显趋势，且在1969年和1995年均未发生明显均值变异。就整体趋势而言，上游年水面蒸发量显著增加，中游和额济纳旗站年水面蒸发量均无明显趋势。

目前，很难准确阐述黑河流域年降水量与年均气温变化特征的驱动机制。国内外许多研究结果表明，太阳黑子数和全球二氧化碳浓度对局地气候有着重要影响。因此，本书初步探讨黑河流域年降水和年均气温与年均太阳黑子数和全球年均二氧化碳浓度的关系。年均太阳黑子数和全球年均二氧化碳浓度的数据分别来源于太阳影响数据分析中心和地球二氧化碳数据库。

利用交叉小波变换分析年降水、年均气温与太阳黑子数的关系，如图 3.8 所示。

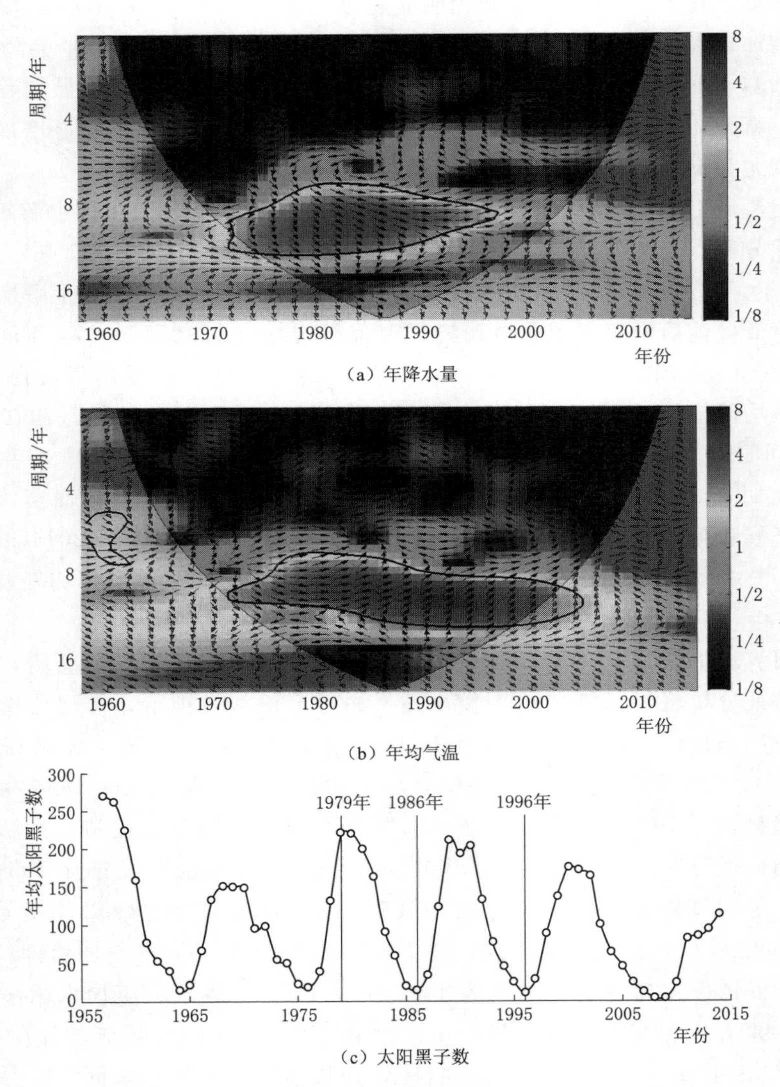

图 3.8 黑河年降水量、年均气温与年均太阳黑子数的交叉小波功率谱及太阳黑子数

图 3.8（a）、（b）中细弧线（小波影响锥）的作用是避免边界效应和高频小波的干扰，粗实线包围区域表示交叉小波功率谱通过了显著性水平 $\alpha=0.05$ 的检验，箭头方向代表影响因子（太阳黑子数）和影响对象（年降水量和年均气温）之间的相位关系，每个子图右侧的颜色柱表示功率谱值大小。

图 3.8（a）、（b）反映出太阳黑子数与黑河流域年降水量和年均气温具有 8～12 年的共振周期，且呈现显著的正相关关系。太阳黑子数与年降水量的相位差在 20 世纪 80 年代初以后逐渐减少，相关关系的显著性在 90 年代中后期快速减弱。太阳黑子数与年均气温的相位差在 80 年代中后期逐渐增大，显著的相关性一直延续到 2004 年。此外，图 3.8（c）表明太阳黑子数在 1979 年达到峰值，在 1986 年和 1996 年达到谷值，与表 3.1 和表 3.2 中年降水和年均气温序列的分割点比较吻合。因此，太阳黑子数是驱动黑河流域降水和气温变化的一个重要因素。

二氧化碳是影响全球变暖的主要温室气体，分段线性拟合得出 1957—2014 年全球二氧化碳年均浓度序列的两个重要分割点（1969 年和 1996 年），与黑河流域年降水量与年均气温序列的优化分割点一致，如图 3.9 所示。全球二氧化碳年均浓度增加速率在 1957—1969 年不到 0.8ppm/a，在 1970—1996 年就翻了一番，在 1996 年后超过 2ppm/a。全球二氧化碳浓度的快速增加，可能改变了黑河流域的气候环境，引起年降水量与年均气温的变异。

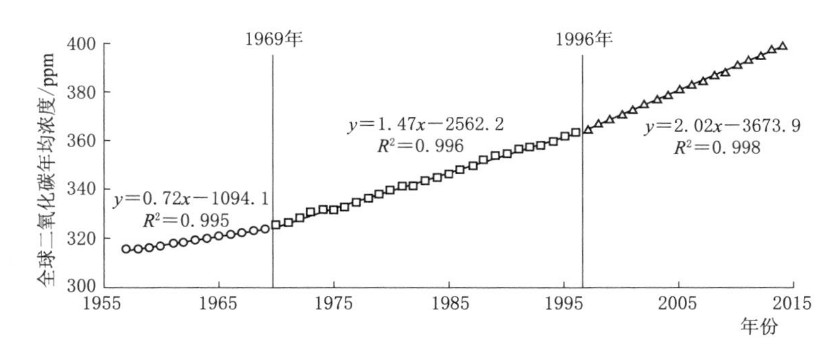

图 3.9 1957—2014 年全球二氧化碳年均浓度

影响流域水面蒸发的主要因素有气温、风速、光照时间等。本书以黑河上游为例，利用交叉小波简要分析年均气温对年水面蒸发的影响，如图 3.10 所示。年水面蒸发量与年均气温呈正相关关系，在 1963—1970 年具有 2～4 年的显著共振周期，在 1972—1989 年具有 6～8 年的显著共振周期，在 1990—2006 年具有 3～4 年的共振周期。对比年均气温和年水面蒸发变异点可以推断，黑河上游 1996 年后年均气温显著升高导致年水面蒸发量显著增加。

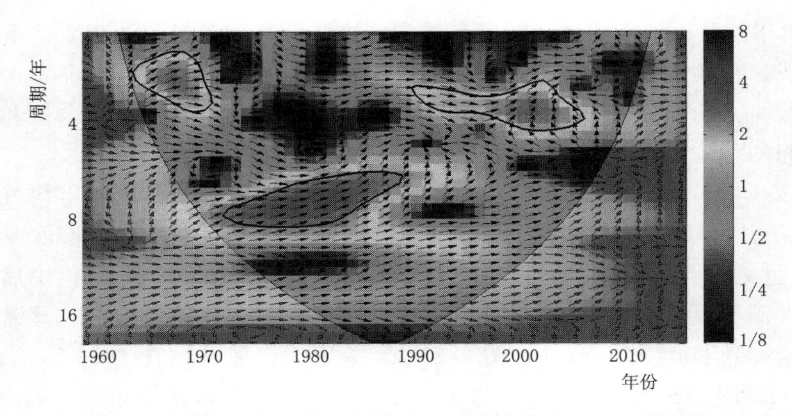

图 3.10 黑河上游年均气温与年水面蒸发的交叉小波功率谱

3.3 黑河流域水文特征

3.3.1 黑河上游径流特征

1. 时空分配

黑河札马什克站以上流域、祁连站以上流域和札祁—莺落峡区间流域（札马什克站和祁连站以下至莺落峡）的集水面积占黑河流域上游面积的比例分别为46%、24%和30%，3个分区多年平均产流比例分别为46%、28%和26%。札马什克站以上流域年均产流比和集水面积比一致，祁连站以上流域年均单位面积产流量比札祁—莺落峡区间流域高出近30%。

黑河上游3个分区各旬多年平均产流比例如图3.11所示。札马什克站以上流域多年旬均产流比例在1月上旬至4月上旬间不断增加，在4月份逐渐下降，在5—12月间相对稳定。祁连站以上流域多年旬均产流比例除在3月下旬至6月上旬间有个先增后减的过程之外，其他旬相对稳定。札祁—莺落峡区间流域多

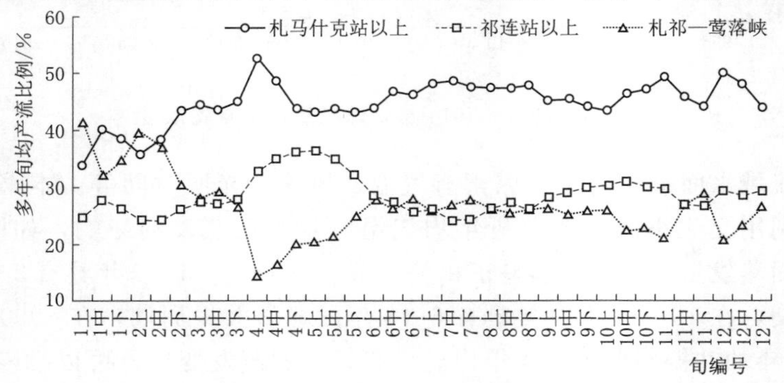

图 3.11 黑河上游3个分区各旬多年平均产流比例

年旬均产流比例在1月上旬至4月上旬间不断下降，在4月中旬至6月上旬逐渐回升，在其后各旬基本稳定下来。根据黑河流域上游各分区多年旬均产流比例，可以更加准确地计算黑河上游各级水电站水库的旬均入流量。

2. 丰枯划分

径流年内丰枯转移分析有利于初步判断年调节水库蓄水期和供水期。通过径流距平和指数随年内时序的变化过程，可以有效确定流域水文年和丰、枯水期[77]。黑河流域上游是主要产流区，故以莺落峡站为代表计算黑河年内丰、枯水期，如图3.12所示。丰水期为5月下旬至10月上旬，枯水期为10月中旬至次年5月中旬，水文年为当年5月下旬至次年5月中旬。

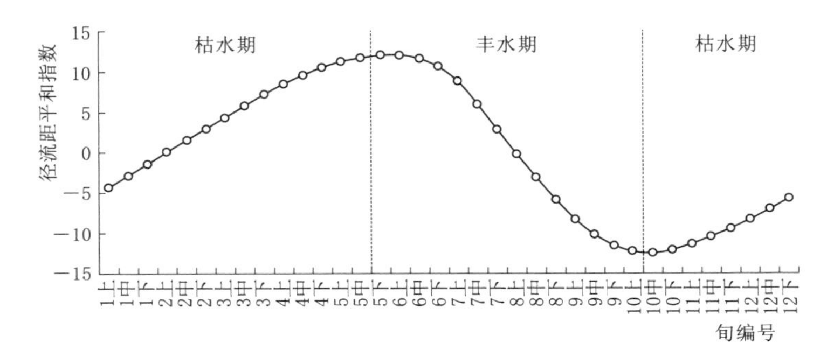

图3.12 莺落峡站年内径流丰、枯水期

莺落峡站年径流序列多年均值为16.15亿m^3，利用P-Ⅲ曲线对经验点据进行拟合，拟合度达0.98，如图3.13所示。根据理论频率曲线，莺落峡站特丰年（$P=10\%$）、偏丰年（$P=25\%$）、平水年（$P=50\%$）、偏枯年（$P=75\%$）和特枯年（$P=90\%$）的年径流量分别为19.78亿m^3、17.85亿m^3、15.92亿m^3、14.19亿m^3和12.82亿m^3。

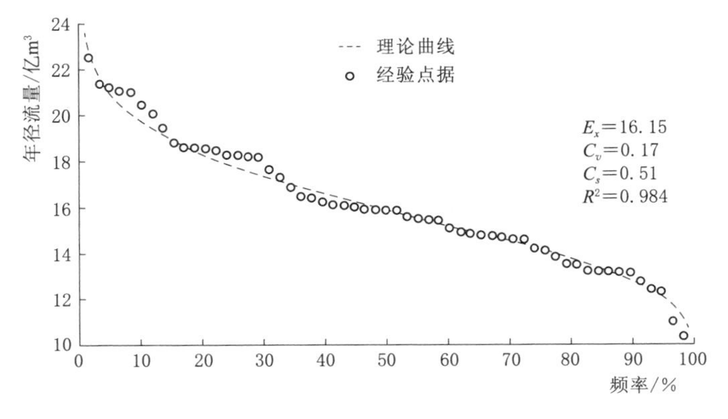

图3.13 莺落峡站年径流序列频率曲线

3. 周期识别

给定显著性水平 $\alpha=0.05$，利用 MWCA 法对莺落峡站年径流序列周期成分进行多轮识别，第 1 轮只识别原始序列的最显著周期，此后每轮只识别上轮剩余成分的最显著周期，直至无显著周期出现。经过 2 轮周期识别后，发现莺落峡站年径流序列主要存在 22 年和 6 年两个最显著周期，如图 3.14 和图 3.15 所示，其中上层子图为时域覆盖图，下层子图为时频中心分布图。

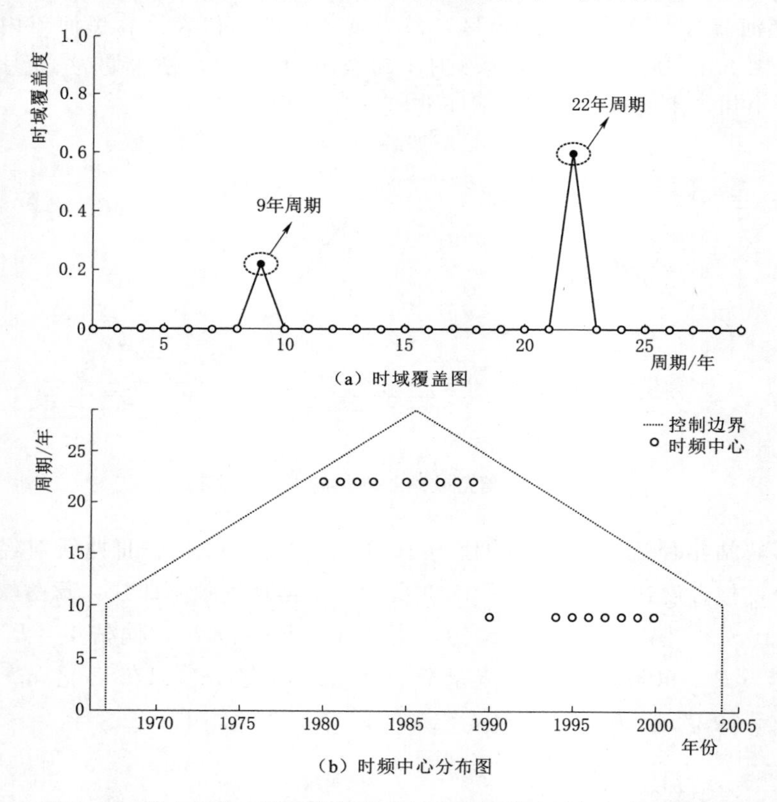

图 3.14 第 1 轮基于滑动窗相关分析法的莺落峡站年径流周期识别

在图 3.14 上层子图中，MWCA 法也识别出 9 年周期成分，但在第 2 轮识别中并未出现，说明 9 年周期成分蕴含在 22 年周期成分中。在图 3.14 和图 3.15 的下层子图中，22 年和 6 年周期成分的时频中心都出现了中断，表明两个周期成分的波形随时间发生一定改变。当不计周期成分波形变化时，可以得到 22 年和 6 年周期成分的一般波动过程，如图 3.16 所示。

侯红雨等[78] 利用方差分析法研究了莺落峡站年径流变化周期，也得出黑河上游年径流存在 22 年和 6 年的显著周期。从遥相关角度看，太阳活动（如太阳黑子数和太阳磁场）具有 10～11 年、21～22 年，5～6 年的显著变化周期[79]，

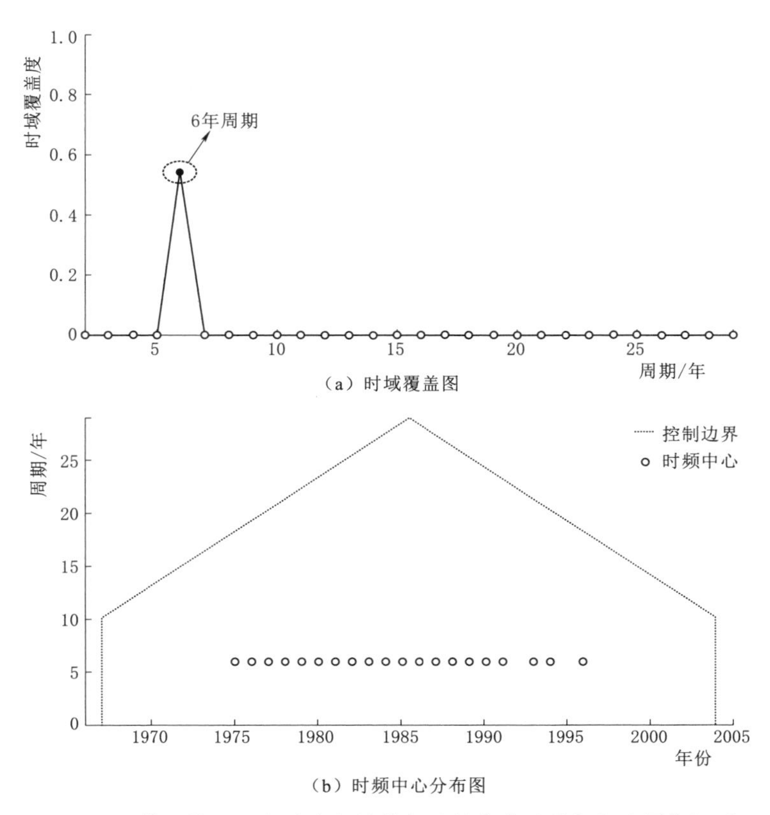

图 3.15 第 2 轮基于滑动窗相关分析法的莺落峡站年径流周期识别

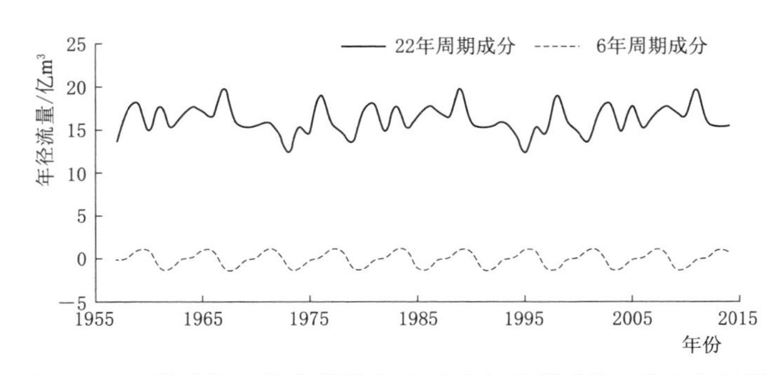

图 3.16 莺落峡站年径流序列 22 年和 6 年周期成分一般波动过程

对黑河上游年径流的变化周期有一定影响。

4. 变异诊断

为了更突显变异成分，将黑河流域莺落峡站年径流序列中的显著周期成分剔除，通过分段线性拟合确定剩余成分的最优分割点；在显著性水平 $\alpha=0.05$ 时，利用 M－K 法和秩和检验法分别检验分割点前、后子序列的趋势性和均值变

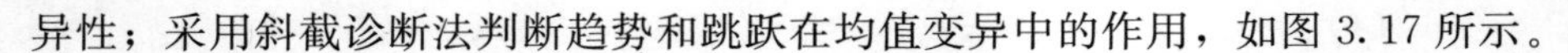

异性；采用斜截诊断法判断趋势和跳跃在均值变异中的作用，如图 3.17 所示。

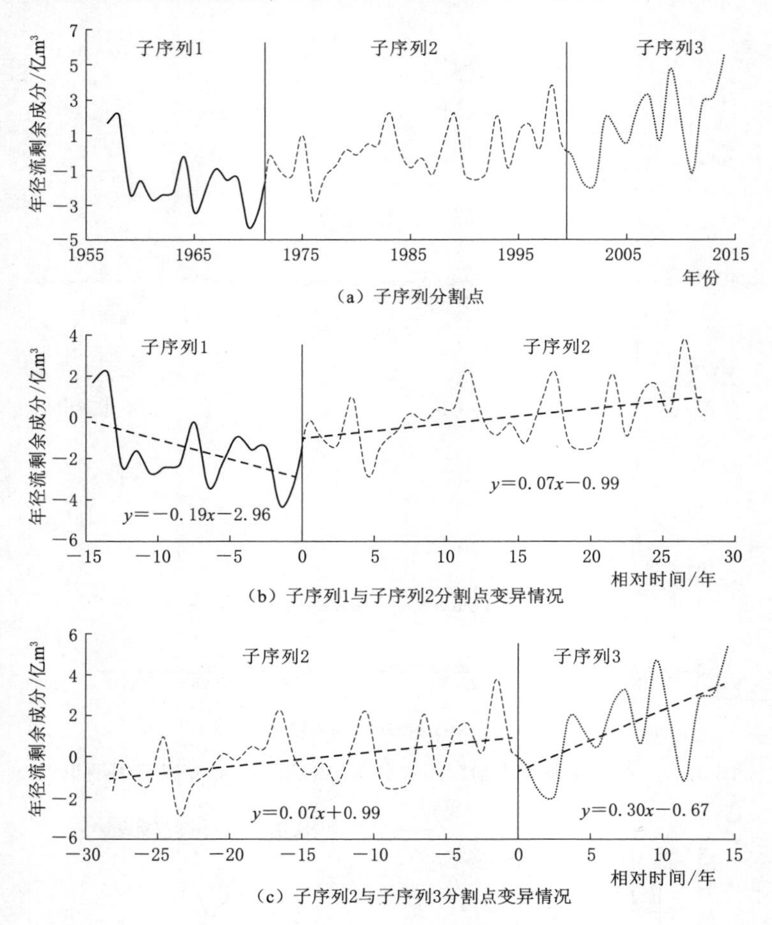

图 3.17　莺落峡站年径流剩余成分变异分析

在图 3.17（a）中，莺落峡站年径流序列剩余成分最优分割点为 1971 年和 1999 年。图 3.17（b）、（c）分别展示了子序列 1 和 2、子序列 2 和 3 之间的趋势和跳跃情况。1957—1971 年子序列 1 和 1972—1999 年子序列 2 都没有明显趋势，2000—2014 年子序列 3 具有显著趋势，剩余成分 1971 年后和 1999 年后均值两次显著增加。在图 3.17（b）中，子序列 2 相比子序列 1 均值增加 1.6 亿 m^3，其中斜率项和截距项分别为－0.4 亿 m^3 和 2.0 亿 m^3，表明 1957—1999 年间跳跃成分造成均值变异。在图 3.17（c）中，子序列 3 相比子序列 2 均值增加 1.5 亿 m^3，其中斜率项和截距项分别为 3.2 亿 m^3 和－1.7 亿 m^3，表明 1972—2014 年间趋势成分引起均值变异。综上所述，1957—2014 年莺落峡站年径流序列均值发生了两次显著变异，1971 年后为跳跃型变异，1999 年后为趋势型变异。

利用交叉小波变换分析莺落峡站年径流与黑河流域上游年降水量、年均气温和年水面蒸发量之间的相关性，如图3.18所示。在3.18（a）中，黑河流域上游年降水量和莺落峡站年径流量主要在1989—2000年间和1995—2004年间分别具有1～2年和3～6年的正相关共振周期。在图3.18（b）中，年均气温和年径流量在1964—1970年间存在2年左右的负相关共振周期，在1983—1994年间存在2～4年的负相关共振周期，在1995—2003年间存在3～5年的正相关共振周期。在3.18（c）中，年水面蒸发量与年径流量主要在1978—1990年间和1986—1993年间分别具有5～7年和2～4年的负相关共振周期。

根据前面研究结果，黑河流域上游年降水量均值、年均气温均值和年水面

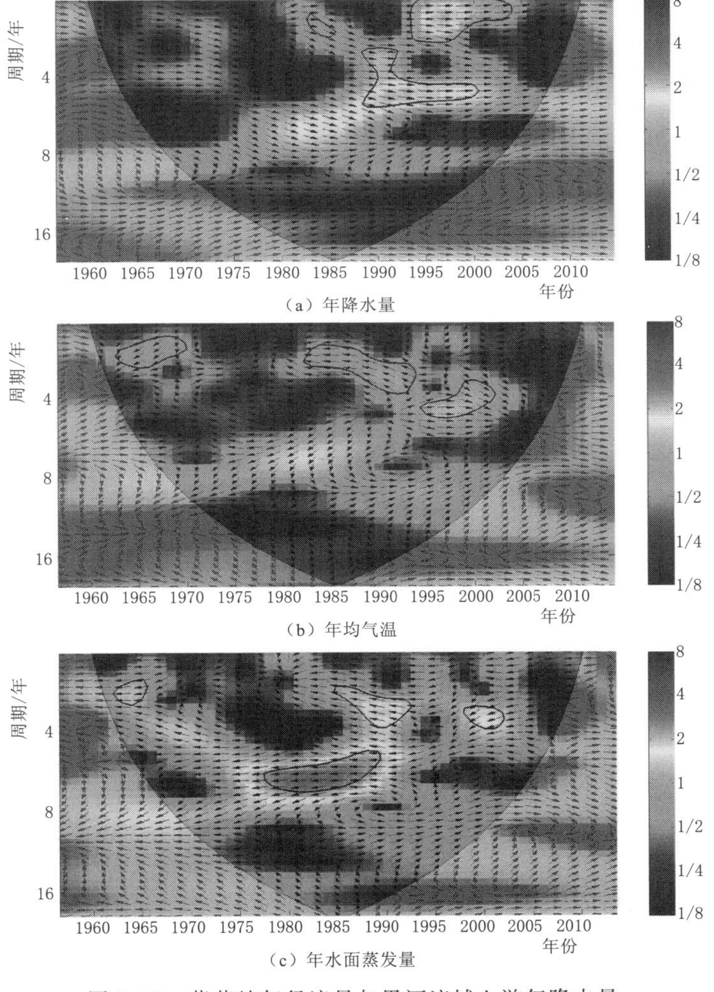

图3.18 莺落峡年径流量与黑河流域上游年降水量、年均气温和年水面蒸发量的交叉小波功率谱

蒸发量均值及莺落峡站年径流量均值都在20世纪90年代后期显著增加。黑河流域上游年降水和年均气温的增加是莺落峡站年径流增加的重要原因。从图3.18的分析结果可知，黑河流域上游年降水量、年均气温和莺落峡站年径流量在20世纪90年代后期呈现显著正相关关系。黑河流域上游降水是莺落峡站年径流的直接来源，不难理解前者增加引起后者增加的原因。在20世纪90年代中期之前，黑河流域上游年均气温与莺落峡站年径流量呈负相关关系，其原因在于气温升高促进了蒸发，进而减少了径流来源。黑河流域上游分布大量的冰川和多年冻土[80-81]，推断90年代中期以后年均气温升高超出某一临界点，使得冰川和多年冻土加速融化，对莺落峡站年径流的补给量高于气温升高造成的蒸发损失量。

莺落峡站近10年年径流一直处于丰水状态，随着气温升高、冰川萎缩和多年冻土消融，未来年径流可能呈现减小趋势，但该站年径流丰水状态持续时间尚无法准确预测。吴志勇等[82] 基于SRES A2和SRES B2气候情景，得出2011—2040年间黑河流域上游年降水、年最高/最低气温和年蒸发会继续增加，而莺落峡站年均径流量相应减少。在黑河流域上游生态水文过程耦合机理与模型研究中，清华大学杨大文教授基于未来气候情景RCP4.5预估未来50年莺落峡站年径流呈现先增加后减少的趋势[83]。

5. 干支流水量关系分析

梨园堡站年径流量多年均值为2.43亿m^3，约占莺落峡站年径流量多年均值的15%。梨园堡站和莺落峡站年径流量相关系数达0.78，如图3.19所示。因此，黑河干流上游年径流和梨园河年径流具有较好的线性相关性，也表明黑河干流上游年径流和梨园河年径流具有良好的丰枯同步性。

3.3.2 黑河中游过水断面大小与流量关系

根据黑河中游213大桥断面、312大桥断面、高崖水文站和平川桥断面的逐日实测流量与水深资料，利用非线性函数定量描述各断面旬均流量和水深的关

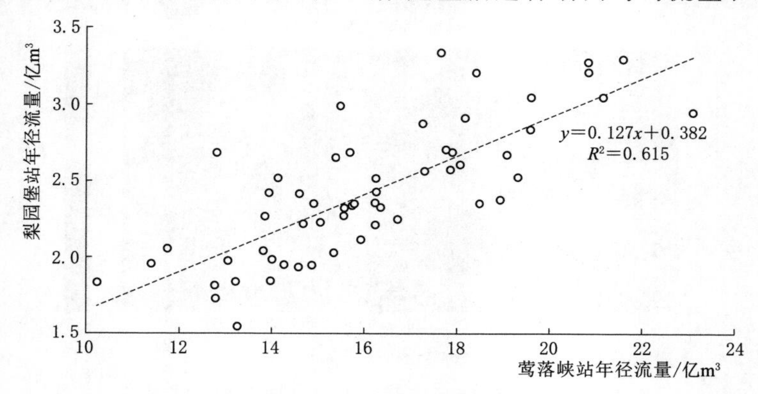

图3.19 梨园堡站与莺落峡站年径流相关性

系，如图 3.20 所示。由图可知，黑河中游各断面旬均流量与水深之间具有良好的对数函数关系，拟合度都在 0.96 以上。

$$h=a\ln Q+b \tag{3.16}$$

式中：h 为中游过水断面旬平均深度，m；a 和 b 为统计参数；Q 为断面旬均流量，m^3/s。

黑河中游过水断面宽度远大于平均水深，因此可以看作宽浅河道，通过断

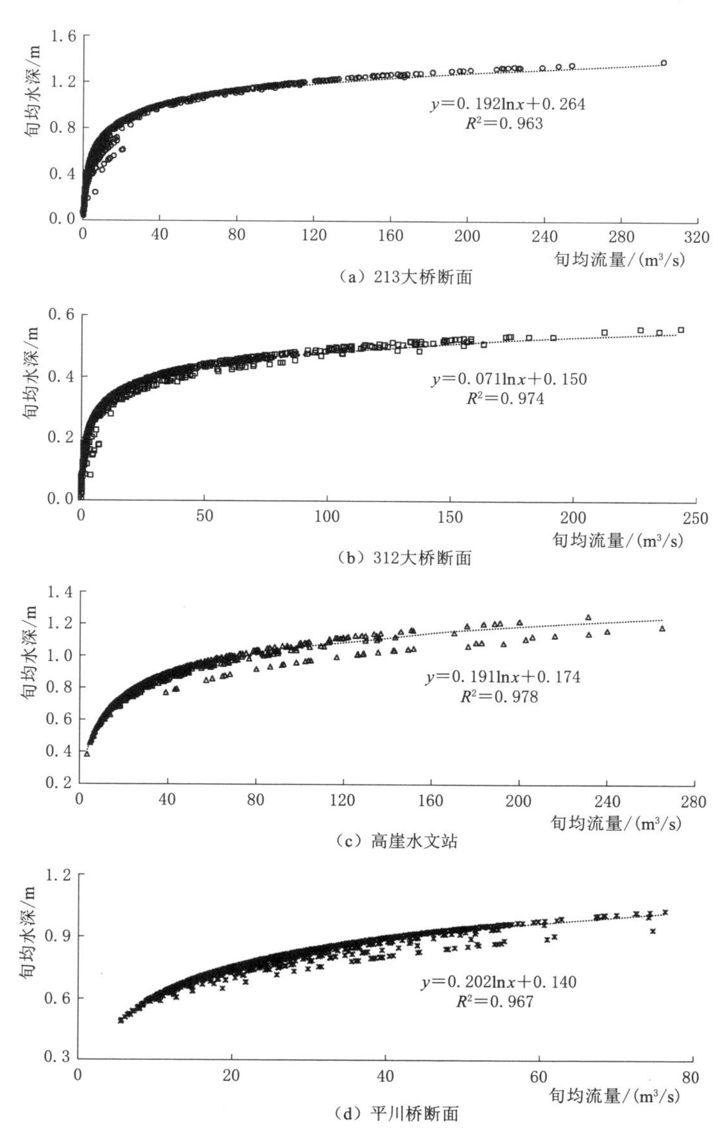

图 3.20 黑河中游不同断面旬均流量与旬均水深关系

面流量水深关系和曼宁公式可以计算黑河中游河道过水断面的宽度。

$$B=nJ^{-0.5}Q(a\ln Q+b)^{-1.667} \tag{3.17}$$

式中：B 为过水断面旬均宽度，m；n 为河道糙率，取 0.03；J 为水面坡降，以河道平均比降代替。

值得注意的是，当利用式（3.16）和式（3.17）计算黑河中游过水断面旬均深度和宽度时，旬均流量不得小于 $1m^3/s$，否则认为过水断面旬均深度和宽度都为 0m。此外，在莺落峡至高崖区间，$a=0.192$，$b=0.22$；在高崖至平川区间 $a=0.196$，$b=0.15$；在平川至正义峡区间 $a=0.202$，$b=0.14$。

3.3.3 黑河下游相邻断面流量关系

鼎新片区和东风场区分别从正义峡—哨马营区间和哨马营—狼心山区间取河道水用于灌溉。本书统计了正义峡至狼心山 2000—2011 年实测水量（断面流量和区间取水量）资料，得到正义峡与哨马营两个断面的旬均流量关系及哨马营与狼心山两个断面的旬均流量关系如下：

$$\begin{cases} Q_{smy}=\max[0.88(Q_{zh}-Q_{dx})-5.47,0] & \text{(a)} \\ Q_{lxs}=\max[0.82(Q_{smy}-Q_{df})-0.24,0] & \text{(b)} \end{cases} \tag{3.18}$$

式中：Q_{zh}、Q_{smy} 和 Q_{lxs} 分别为正义峡断面、哨马营断面和狼心山断面的旬均流量，m^3/s；Q_{dx} 和 Q_{df} 分别为鼎新片区和东风场区的旬均取水流量，m^3/s。

根据式（3.18）(a)、(b) 计算哨马营断面和狼心山断面的模拟流量，两断面实测与模拟流量关系如图 3.21 所示。由图可知，黑河下游相邻断面的旬均流量具有良好的线性关系，拟合度都在 0.85 以上。

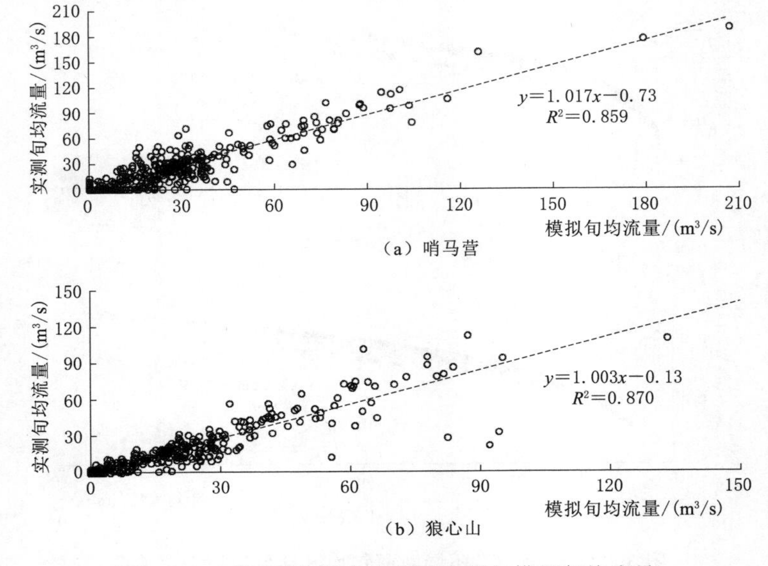

图 3.21 哨马营与狼心山断面实测与模拟旬均流量

3.4 本章小结

本章分析了黑河流域降水量、气温和蒸发量时空变化特征、黑河上游径流规律、黑河中游流量水深关系和黑河下游相邻断面流量关系。流域年降水量自上游往下游逐渐减少，而年均气温和年水面蒸发量自上游往下游逐渐增加。上、中游年降水量都具有显著增加趋势，下游无明显趋势；上、中、下游年均气温都有显著升高趋势，20 世纪 90 年代中期是一个重要的转折点，降水量与气温的变化可能受太阳黑子数和全球二氧化碳浓度变化的影响；上游年水面蒸发量出现明显增加趋势，气温升高是一个重要影响因素。上游年径流具有 22 年和 6 年显著周期；上游年径流量均值在 20 世纪 90 年代后期显著增加，主要由降水增加和气温升高引起；中游断面旬均流量和旬均水深具有明显的对数函数关系；下游相邻断面流量具有良好的线性关系。

第 4 章

黑河流域中长期径流预报

4.1 中长期径流预报方法

4.1.1 多元线性回归模型

多元线性回归模型（multiple linear regression model，MLRM）是中长期径流预报中的一种常用模型，其形式如下：

$$Y = \sum_{i=1}^{m} a_i X_i + b \tag{4.1}$$

式中：Y 为预报对象；m 为预报因子数量；$X_i(i=1,\cdots,m)$ 为预报因子；a_i 为预报因子贡献系数；b 为常数。

MLRM 将预报对象与预报因子之间的关系当作线性关系处理，原理简单，参数易定，一直在水文预报中发挥着重要作用。但是，当预报对象和预报因子存在显著非线性关系时，MLRM 预报精度就会明显下降。

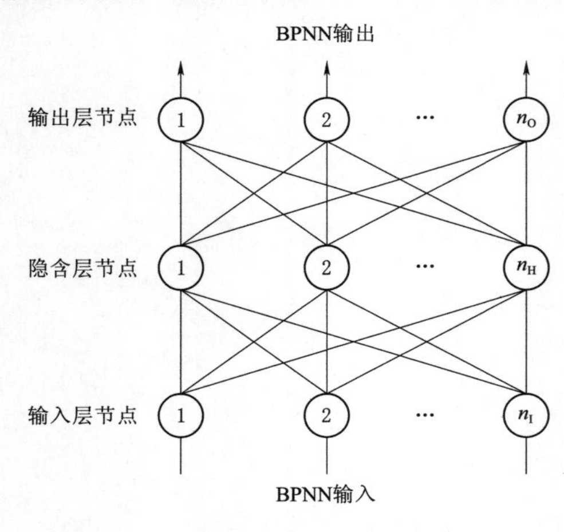

图 4.1 三层 BPNN 结构

4.1.2 人工神经网络

人工神经网络是模拟生物神经元活动的非线性、自适应信息处理系统。误差逆向传播神经网络（back - propagation neural network，BPNN）是著名的人工神经网络，具有强大的非线性映射能力。当隐含层神经元数量不受限制时，三层 BPNN 能够无限逼近任意非线性函数，在水文预报中得到广泛应用。三层 BPNN 结构。如图 4.1 所示。

根据 Kolmogorov 定理[84]，确定

BPNN 隐含层节点数的经验公式如下：

$$n_H = \sqrt{n_I + n_O + 1} + l \tag{4.2}$$

式中：n_H 为隐含层节点数；n_I 为输入节点数；n_O 为输出节点数；l 为 1～10 之间的常数。

对于非线性网络，很难选择合理的 BPNN 的学习率。学习率过大导致学习不稳定，过小又会花费很长的学习时间。此外，网络隐含层节点数也要控制在合理的范围内，不然会产生“欠适配”或“过适配”现象。

4.1.3 支持向量机

支持向量机（support vector machine，SVM）是基于统计学习理论和结构风险最小化原理的新型机器学习方法，在处理小样本、非线性及高维模式识别中具有独特的优势，能够有效识别时间序列的潜在规律[85]。因此，建立中长期径流预报的 SVM 回归方程[86] 如下：

$$y = \sum_{i=1}^{n} (\beta_i - \beta_i^*) K(X, X_i) + B \tag{4.3}$$

式中：y 为预报对象；β_i 与 β_i^* 为 Lagrange 乘子；X 为预报因子向量；n 为样本容量；$X_i(i=1,\cdots,n)$ 为样本预报因子向量；$K(X, X_i)$ 为核函数；B 为偏置。

SVM 借助二次规划求解支持向量，当样本数量很大时，二次规划涉及高阶矩阵运算，会耗费大量机器内存和运算时间。此外，当利用 SVM 在解决非线性问题时，应当谨慎选择核函数。

4.1.4 灰色预测模型

灰色理论在解决信息不够清晰且具有不确定性的问题中发展起来，由华中科技大学邓聚龙教授首次明确提出，并在国际上得到重要关注。中长期径流预报中含有许多未知因素和不确定性，故可以利用该理论建立灰色预测模型（grey prediction model，GPM）如下[87]：

$$\ln x_{i+1} = \left(\ln x_1 - \frac{b}{a}\right)\left[e^{-ai} - e^{-a(i-1)}\right] \tag{4.4}$$

式中：x_1 和 x_{i+1} 为径流序列中第 1 个和第 $i+1$ 个样本值；a 和 b 为灰色模型参数，可通过最小二乘法确定。

灰色预测模型能够有效利用有限的中长期径流信息预报未来径流，但当径流序列不确定性成分为主要存在时，模型的预报精度就会严重下降。

4.1.5 确定性成分叠加法

时间序列可以认为由确定性成分和随机成分两部分组成。假定确定性成分和随机成分相互独立，且各确定性成分之间也相互独立，通过时间序列分析获得其中不同确定性成分，将它们进行线性叠加预测时间序列未来变化，就形成了确定性成分叠加法（deterministic components superposition method，DCSM）[72]。DCSM建模如下：

$$x(t)=x_{\mathrm{P}}(t)+x_{\mathrm{V}}(t) \tag{4.5}$$

式中：t 为时间；$x(t)$ 为时间序列；$x_{\mathrm{P}}(t)$ 为时间序列周期成分；$x_{\mathrm{V}}(t)$ 为可持续的时间序列变异成分，包括趋势和跳跃。

DCSM模型结构简单，关键在于能否准确从时间序列中挖掘出各种确定性成分。当利用DCSM进行中长期径流预报时，首先要求径流序列的确定性成分起主导作用，其次要求均值变异成分不存在或具有一定持续性，否则该模型很难准确预报未来径流情势。事实上，DCSM并非独有这种局限，其他非物理水文预报模型同样很难突破这种局限，包括MRLM、BPNN、SVM和GPM。

4.1.6 预报因子识别和误差修正

中长期径流预报模型MRLM、BPNN和SVM需要输入预报因子向量。通过相关分析建立预报因子集，在显著性水平 $\alpha=0.05$ 的条件下，利用逐步回归分析方法从预报因子集中筛选出关键影响因子。若关键影响因子数量少于3个，则取与预报对象相关性最高的3个预报因子作为关键影响因子。

一般情况下，中长期径流预报模型的预测值与实测值仍然存在一定误差，利用马尔科夫修正模型对误差进行修正，可以进一步改善模型预报精度[87]。在本书中，正误差表示预测值比实测值大，负误差表示预测值比实测值小，一般误差表示预测值与实测值相差不多。利用均值标准差法将误差分为特大负误差、偏大负误差、一般误差、偏大正误差和特大正误差5个等级，计算每个等级的误差均值和误差状态一步转移概率矩阵。当误差过程满足马氏性时，对误差进行如下修正：

$$e_i^{\mathrm{cor}}=\sum_{j=1}^{5} e_j^{\mathrm{avg}} P_{kj}(i-1) \tag{4.6}$$

式中：e_i^{cor} 为第 $i(i=2,\cdots,n)$ 预测值的修正误差，n 为误差序列长度；e_j^{avg} 为未修正误差的第 j 状态均值；$P_{kj}(i-1)$ 表示第 $i-1$ 预测值的未修正误差所处的第 $k(k=1,\cdots,5)$ 状态向第 j 状态的一步转移概率。

4.1.7 预报效果评价指标

本书将历史径流序列划分为率定期样本和检验期样本，分别采用纳什效率系数（NSE）和平均相对误差绝对值（$MAPE$）作为率定期和检验期径流模拟预报效果的评价指标。

两个评价指标表达式如下：

$$NSE=1-\frac{\sum_{i=1}^{n}(x_i^{\mathrm{obs}}-x_i^{\mathrm{sim}})^2}{\sum_{i=1}^{n}(x_i^{\mathrm{obs}}-x_{\mathrm{avg}}^{\mathrm{obs}})^2} \tag{4.7}$$

$$MAPE=\frac{1}{n}\sum_{i=1}^{n}\frac{|x_i^{obs}-x_i^{sim}|}{x_i^{obs}} \tag{4.8}$$

式中：n 为水文序列长度；$x_i^{obs}(i=1,\cdots,n)$ 为径流实测值；x_i^{sim} 为径流模拟值；x_{avg}^{obs} 为实测径流均值。

4.2 黑河流域上游年径流预报

目前，很难准确预估黑河流域未来年尺度的气候变化，故无法依靠未来气候要素进行黑河年径流预报。在黑河上游流域，历史年降水、年均气温等气候要素与年径流的最大相关系数不超过 0.3，相关性较弱。因此，本书利用莺落峡历史年径流序列拟预报黑河干流上游年径流。

为分析年径流序列变异的影响，采用两种长度的年径流序列进行模拟预报，一种是含有变异点的长序列（1957—2014 年），另一种是变异点之后的短序列。考虑到序列长度不得小于 30 年，年径流短序列统一采用长序列第 1 个变异点之后的序列，即莺落峡站年径流短序列是指 1972—2014 年。此外，无论长序列还是短序列，检验期都为 2009—2014 年，其他年份属于率定期。

在不同序列长度下，莺落峡站年径流的关键影响因子发生改变。在长序列情况下，莺落峡站第 i 年年径流量的关键影响因子为第 $i-1$ 年、第 $i-9$ 年和第 $i-5$ 年的年径流量；在短序列情况下，莺落峡站第 i 年径流量的关键影响因子为第 $i-1$ 年、第 $i-5$ 年和第 $i-6$ 年的年径流量。

将 MLRM、BPNN、SVM、GPM 和 DCSM 分别应用于莺落峡站年径流模拟预报。其中，BPNN 隐含层节点数为 8，输出层传输函数为纯线性（pureline）函数，其他层传输函数采用 S（sigmoid）型函数；SVM 核函数采用径向基函数；DCSM 中的确定性成分通过 MWCA 方法、分段线性拟合方法、M-K 趋势检验法及秩和检验法确定。莺落峡站不同长度年径流量的多方法模拟预报效果见表 4.1。

表 4.1　莺落峡站不同长度年径流量的多方法模拟预报效果

模拟方法	率定期 *NSE*		检验期 *MAPE*	
	长序列	短序列	长序列	短序列
MLRM	0.12	−0.15	0.08	0.06
BPNN	0.14	0.13	0.13	0.12
SVM	0.14	0.10	0.10	0.16
GPM	0.15	0.12	0.13	0.07
DCSM	0.75	0.89	0.20	0.05

利用层次分析法（analytic hierarchy process，AHP）评价 5 种年径流预报方法在黑河流域的模拟预报效果，构建以黑河上游年径流预报模型评价为目标层的层次分析结构，如图 4.2 所示。序列层中长序列和短序列年径流预报的权重都为 0.5；指标层中率定期 *NSE* 和检验期 *MAPE* 的权重都为 0.5。率定期 *NSE* 属于越大越优指标，而检验期 *MAPE* 属于越小越优指标，将两个指标进行归一化处理[57]。根据 AHP 法，先自上而下从目标层到指标层逐层计算各指标权重，后自下而上从方法层到目标层逐层计算各年径流预报方法评价结果，最终得到 5 种年径流预报方法的优劣排序：DCSM（0.75）、MLRM（0.48）、GPM（0.43）、BPNN（0.31）和 SVM（0.28）。因此，黑河流域年径流预报最优方法为 DCSM。

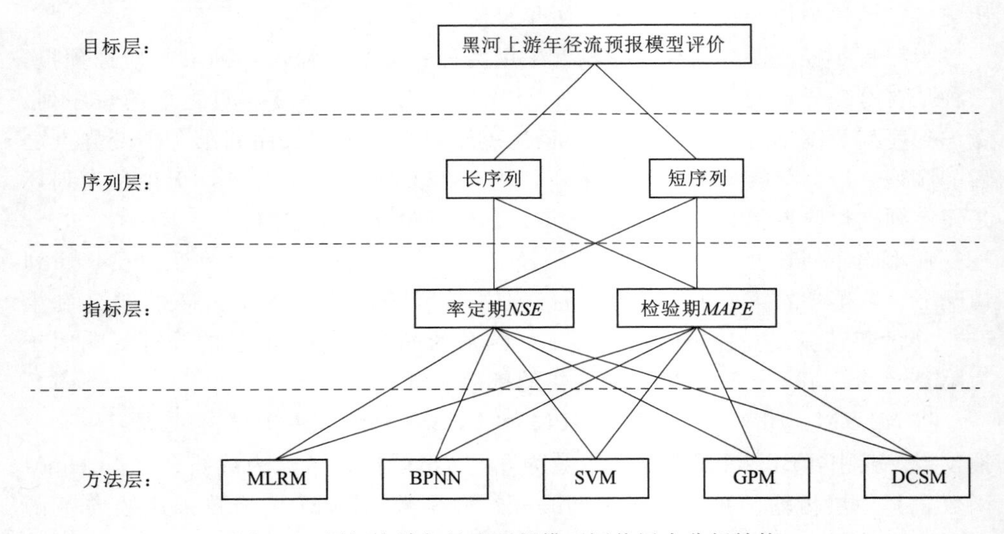

图 4.2 黑河流域年径流预报模型评价层次分析结构

结合表 4.1 发现，序列长度对黑河上游年径流模拟预报具有很大影响，但对不同方法预报效果的影响不一致。此外，即便预报方法在率定期效果好，也不能说明其在检验期的效果同样好，反之亦然。就 DCSM 而言，基于短序列的预报效果优于基于长序列的预报效果要好，其原因在于变异之后的序列更能反映未来径流情势。因此，在序列长度足够的情况下，应用 DCSM 进行年径流预报最好采用变异点之后的短序列。

基于 DCSM 法的莺落峡站短序列年径流模拟预报过程如图 4.3 所示。莺落峡站检验期年径流预报值均值比实测值均值小 1.72 亿 m^3，说明黑河上游实测年径流在检验期的增加幅度更大，基于历史序列揭示的径流变异特征不能完全反映未来的径流情势。

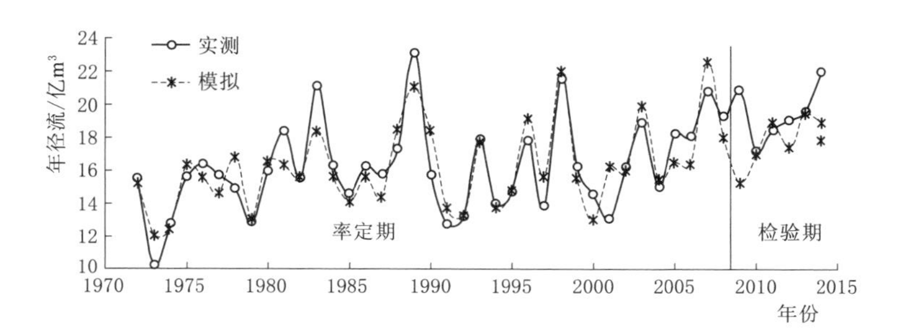

图 4.3 基于 DCSM 法的莺落峡站短序列年径流模拟预报过程

4.3 黑河流域上游旬径流预报

通过相关分析和逐步回归分析方法筛选莺落峡站旬均流量的关键影响因子。当不分丰枯水期时，莺落峡站第 i 旬平均流量的关键影响因子有 8 个，分别是该站第 $i-3$ 旬旬均流量、祁连气象站第 $i-2$ 旬旬降水和第 $i-4$ 旬旬均相对湿度、野牛沟气象站第 $i-1$ 旬和第 $i-2$ 旬旬降水、第 $i-1$ 旬旬均气温和第 $i-4$ 旬旬均风速、托勒气象站第 $i-3$ 旬旬日照时间。

考虑到黑河流域丰、枯水期气象条件不同，对莺落峡站丰、枯水期旬均流量分别模拟预报。莺落峡站丰水期第 i 旬均流量的关键影响因子有 10 个，分别是该站第 $i-3$ 旬旬均流量、祁连气象站第 $i-1$ 旬旬均气温、第 $i-2$ 旬旬均风速、第 $i-1$ 旬和第 $i-4$ 旬旬均相对湿度、第 $i-3$ 旬旬日照时间、野牛沟气象站第 $i-1$ 旬和第 $i-2$ 旬旬降水、第 $i-1$ 旬旬均气温和第 $i-1$ 旬旬均相对湿度。枯水期第 i 旬均流量的关键影响因子有 9 个，分别是该站第 $i-1$ 旬和第 $i-3$ 旬旬均流量、祁连气象站第 $i-2$ 旬和第 $i-3$ 旬旬降水、第 $i-2$ 旬旬日照时间、野牛沟气象站第 $i-2$ 旬旬降水、第 $i-4$ 旬旬均风速和第 $i-1$ 旬旬日照时间以及托勒气象站第 $i-1$ 旬旬降水。

利用 MLRM、BPNN 和 SVM 三种方法分别模拟预报莺落峡站 1972—2014 年旬均流量过程，并通过马尔科夫进行误差修正，得到丰枯不分期和分期两种情况下的模拟预报结果。利用 AHP 方法对三种方法的模拟预报效果进行评价。根据丰、枯水期平均流量相对大小，丰、枯水期的权重分别定为 0.81 和 0.19；率定期和检验期的权重都为 0.5。三种方法的模拟预报效果及评价结果见表 4.2。

由表 4.2 看出，基于 3 种方法的莺落峡站旬均流量模拟预报效果都不理想。丰水期 *NSE* 不超过 0.6，*MAPE* 在 0.2 左右。枯水期 *NSE* 虽然比丰水期的略好，但 *MAPE* 在 0.3 左右。究其原因，莺落峡站旬均流量模拟预报可能没有利用黑河流域上游当旬的气象要素。此外，莺落峡站旬均流量分期模拟预报显然比

表 4.2 莺落峡站旬均流量不同方法模拟预报效果及评价结果

模拟方法	是否分期	率定期 NSE_w	检验期 MAPE_w	率定期 NSE_d	检验期 MAPE_d	AHP 综合评价结果
MLRM	否	0.52	0.18	0.62	0.32	0.54
	是	0.55	0.21	0.79	0.29	0.60
BPNN	否	0.50	0.19	0.62	0.33	0.28
	是	0.52	0.21	0.79	0.32	0.29
SVM	否	0.53	0.18	0.68	0.34	0.67
	是	0.52	0.18	0.79	0.29	0.72

注 _w 和_d 分别表示丰水期和枯水期。

不分期的效果好一些，间接说明不同时期气象条件对黑河流域上游径流的影响存在差异。通过 AHP 方法综合评价得出，基于 SVM 和丰枯分期的模拟预报方式最适合莺落峡旬均流量模拟预报。

本书进一步分析了黑河流域上游当旬气象要素对莺落峡站旬均流量模拟预报的改善效果。莺落峡站丰水期第 i 旬旬均流量的关键影响因子有 13 个，分别是莺落峡站第 $i-3$ 旬旬均流量、祁连气象站第 i 旬旬降水、第 i 旬和第 $i-4$ 旬旬均相对湿度、第 i 旬和第 $i-3$ 旬旬日照时间、野牛沟气象站第 i 旬、第 $i-1$ 旬和第 $i-2$ 旬旬降水、第 i 旬和第 $i-1$ 旬旬均相对湿度以及托勒气象站第 i 旬旬降水和旬均风速；枯水期第 i 旬旬均流量的关键影响因子也有 13 个，分别是莺落峡站第 $i-1$ 旬和第 $i-3$ 旬旬均流量、祁连气象站第 $i-2$ 旬和第 $i-3$ 旬旬均降水、第 $i-2$ 旬旬日照时间、野牛沟气象站第 i 旬和第 $i-2$ 旬旬降水、第 $i-4$ 旬旬均风速、第 i 旬旬均气温和旬均相对湿度、第 $i-1$ 旬旬日照时间、托勒气象站第 $i-1$ 旬旬降水和第 i 旬旬日照时间。采用丰枯分期预报方式，继续通过 MLRM、BPNN 和 SVM 和马尔科夫误差修正方法模拟预报莺落峡站 1972—2014 年旬均流量过程，模拟预报效果见表 4.3。

表 4.3 考虑当旬气象要素的莺落峡站旬均流量多方法分期模拟预报效果

模拟方法	率定期 NSE_w	检验期 MAPE_w	率定期 NSE_d	检验期 MAPE_d
MLRM	0.78	0.20	0.80	0.29
BPNN	0.75	0.19	0.83	0.33
SVM	0.79	0.19	0.81	0.31

对比表 4.2 和表 4.3 发现，当考虑黑河流域上游当旬气象要素时，莺落峡站率定期旬均流量模拟效果得到明显改善，丰、枯水期 *NSE* 都超过 0.7，但检验期旬均流量预报效果并没有得到改善。丰、枯水期 *MAPE* 仍各在 0.2 和 0.3 左右，有些情况甚至比不考虑当旬气象要素模拟预报的同期 *MAPE* 要大。此外，

黑河流域上游目前还缺乏足够准确的旬尺度天气预报，且天气预报内容（如天气状态描述）与气象要素的量化匹配也是个难点。

综上所述，本书仍然利用历史气象水文要素模拟预报莺落峡站旬均流量，并推荐采用基于 SVM 和丰枯分期的旬均流量模拟预报方式，如图 4.4 所示。

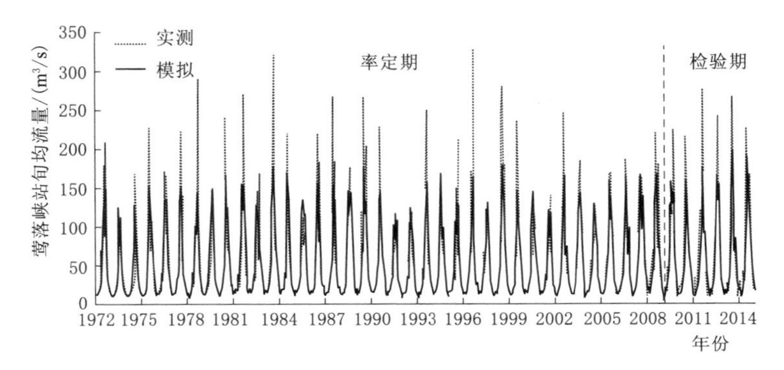

图 4.4 基于 SVM 和丰枯分期的莺落峡站旬均流量模拟预报过程

4.4 本 章 小 结

本章采用多元线性回归模型、人工神经网络、支持向量机、灰色预测模型、确定性成分叠加法，对黑河流域上游进行中长期径流预报，并利用马尔科夫对预报误差进行修正。通过层次分析法综合评价，确定性成分叠加法是黑河流域上游年径流预报的最优方法，基于支持向量机和丰枯分期的方式最适合黑河流域上游旬均流量预报。

第 5 章

黑河流域水资源调配模型及算法

5.1 黑河流域水资源系统概述

黑河流域水资源调配系统包括水库、取水口、河道、渠系、灌区、生态区、控制断面、水流方向等要素，以点、线和面几何图形对这些要素概化，如图 5.1 和图 5.2 所示。

图 5.1 反映了黑河流域中游河道与灌区、灌区外与灌区及灌区之间的地下水交换方向。黑河中游地下水流向确定的主要依据是《黑河流域地表水与地下水转换规律研究》和中游灌区地下水历史资料。黑河中游灌区和灌区外具有地下水交换关系，灌区外主要往中游灌区补给地下水；在黑河干流莺落峡至高崖河段，河道主要向两岸灌区补给地下水；在黑河干流高崖至正义峡河段，两岸灌区地下水主要向河道地表水补给。在黑河中游现状耕地面积和干流不闭口条件下，黄委会估算得出：灌区外给中游灌区地下水的多年平均补给量约 1.4 亿 m^3，中游河道给灌区地下水的多年平均补给量约为 2.7 亿 m^3，中游灌区给河道的多年平均补给水量约为 6.1 亿 m^3。

图 5.2 给出了黑河流域中、下游地表水供水方向，受水单元为灌区。根据《黑河流域中游地表水和地下水优化配置技术方案编制》和红山湾水库设计报告等资料，梨园河灌区主要由支流梨园河上的鹦鸽嘴水库和红山湾水库负责供水，上三、大满、盈科、西浚和沙河灌区从中游干流莺落峡至高崖河段取水，板桥、平川、鸭暖和蓼泉灌区从中游干流高崖至平川河段取水，六坝、友联和罗城灌区从中游干流平川至正义峡河段取水。此外，鼎新片区从下游干流正义峡至哨马营河段取水，东风场区从下游干流哨马营至狼心山河段取水，狼心山下泄水量主要供给下游生态区。

中游灌区以地表取水为主，地表与地下的取水量变化较大，地下水取水量占总取水量比重变化也大。2000 年地表取水量为 12.94 亿 m^3，地下取水量为

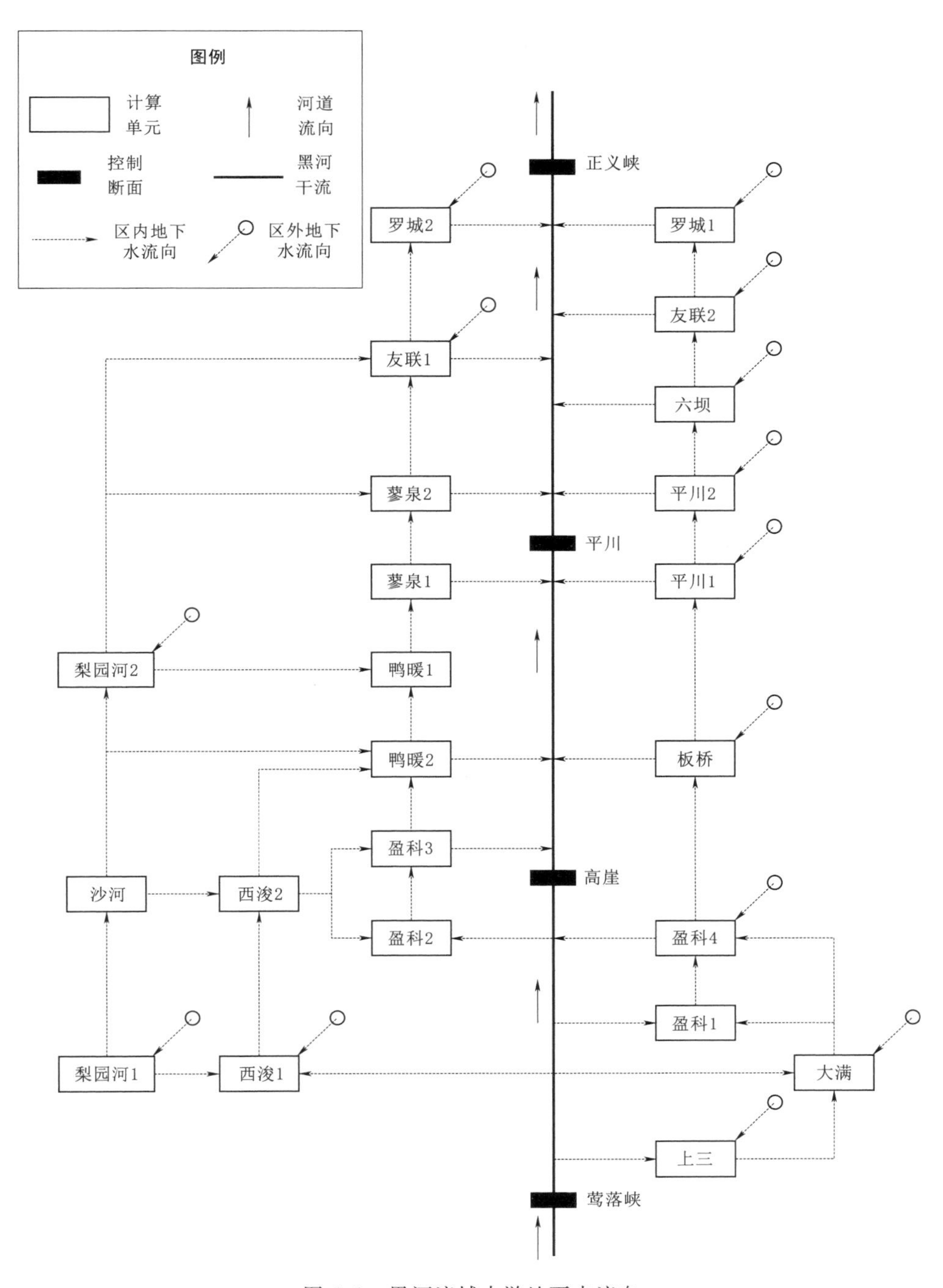

图 5.1 黑河流域中游地下水流向

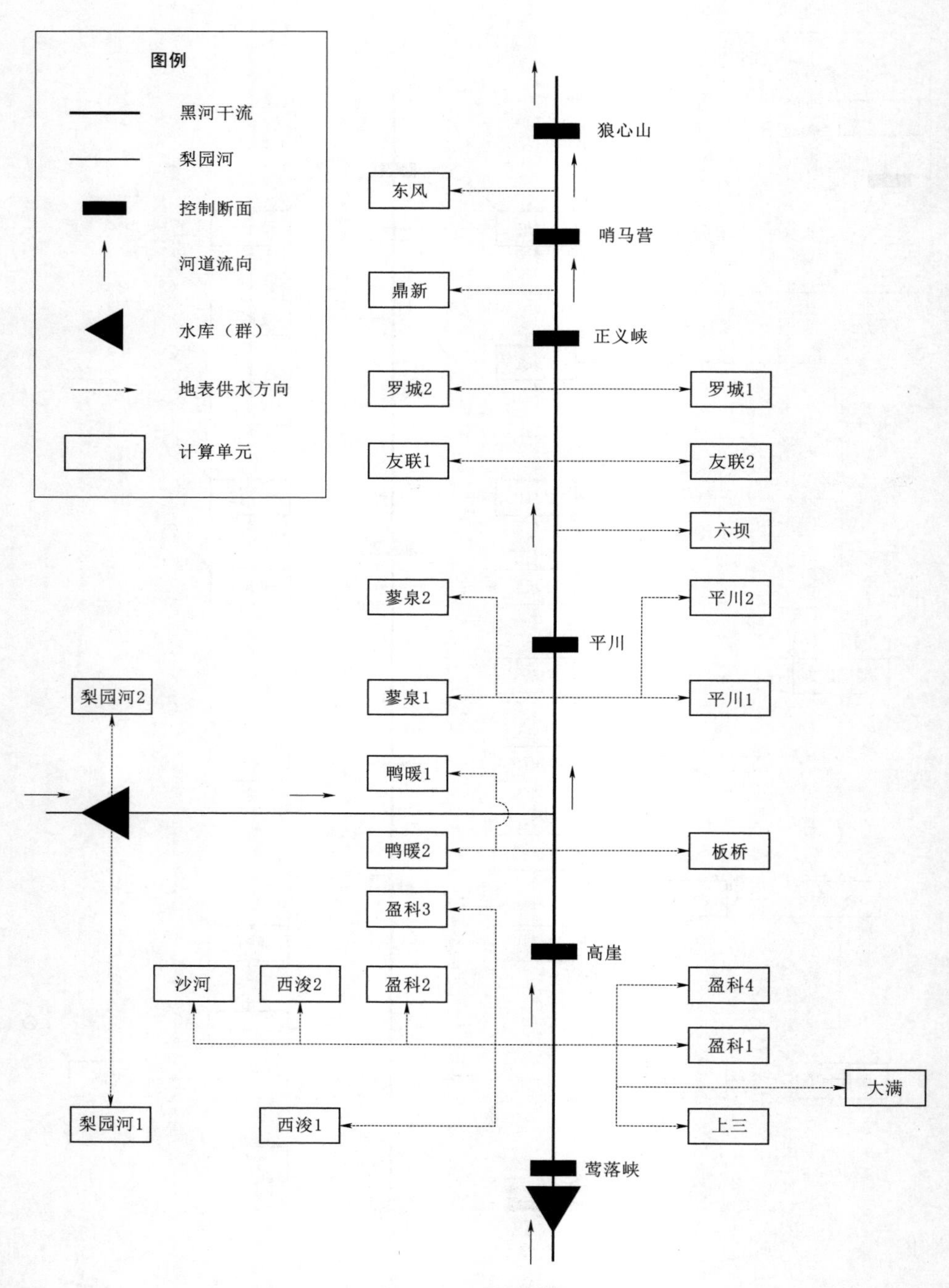

图 5.2 黑河流域中、下游地表水供水方向

4.5 亿 m^3，地下取水量占总取水量比重为 26%；2010 年地表取水量为 11.69 亿 m^3，地下取水量为 6.47 亿 m^3，地下取水量占总取水量比重为 36%；2012 年地表取水量为 13 亿 m^3，地下取水量为 6.09 亿 m^3，地下取水量占总取水量比重为 32%。

黑河流域自 2000 年开始按照“97”分水方案实施水量调度。为完成“97”分水目标，黑河流域管理局采取了“全线闭口、集中下泄”（简称“河道闭口”）措施。随着干流闭口力度的增强，黑河中游地下水开采量也超出了允许开采量 4.8 亿 m^3，如 2010 年和 2012 年地下水超采量都在 1.2 亿 m^3 以上。因此，河道闭口虽然有利于完成“97”分水方案，增加黑河中游往下游的输送水量，但不利于中游地下水可持续利用。

5.2 黑河流域水资源调配模型

5.2.1 水资源调配说明

（1）水资源调配任务。

黑河流域有梯级水电站、灌区和生态三种水资源用户，水资源调配主要任务是缓解中游灌区和下游生态之间的用水矛盾。因此，黑河流域水资源调配要求“电调”服从“水调”，即重点关注中游灌区与下游生态用水，兼顾上游梯级水电站发电用水。

（2）用户需水保证情况。

黑河上游梯级水电站发电保证率为 85%，中游灌区居民生活和工业生产用水保证率为 95%，中游灌区灌溉保证率为 50%，下游河道每年向鼎新片区和东风场区供水量达到 9000 万 m^3 和 6000 万 m^3，狼心山断面多年平均下泄水量至少满足 4.8 亿 m^3 要求，尽可能满足狼心山下游生态需水关键期的水量要求。

（3）水资源调配次序。

黑河上游黄藏寺水库根据中下游灌区和生态区需水调节出库水量。中游灌区居民生活和工业生产用水全部由地下水供应；灌溉优先利用地下水允许开采量，其次从河道取水，最后根据缺水程度超采地下水。下游鼎新片区和东风场区优先从河道取水，河道剩余水量供给狼心山断面以下生态区。

（4）水资源调配手段。

为有效缓解黑河流域水资源矛盾和保障不同河段用户水资源利益，将水库调蓄、井渠并用、河道闭口和需水打折 4 种手段有机结合。具体地，水库调蓄是指黄藏寺水库和梨园河鹦—红梯级水库发挥蓄丰补枯作用；井渠并用是指将灌区渠道引水和井引水两种方式结合；河道闭口是指在闭口时段不允许中游灌区、鼎新片区和东风场区从河道取水；需水打折是指根据黑河上游来水丰枯情况对中游灌区灌溉、生活和工业需水进行打折。

(5) 调配时段和调配期。

一方面有效结合黑河水资源规划与实时调配，充分发挥黑河水资源综合效益，另一方面考虑到搜集资料的时限，本书决定将旬作为调配时段（最小计算时段），将1957年5月下旬至2014年5月中旬作为调配期（57个水文年）。

5.2.2 水资源调配模型构成

(1) 目标函数及决策变量。

黑河流域水资源利用应当综合考虑中游灌区、下游生态和上游发电用水需求，为此设置3个水资源调配目标：①在满足中游灌区不同用户类型需水保证率条件下，尽可能使中游地下水超采量最小化；②力争狼心山断面下游生态区全年缺水量和关键期（4月和8月）缺水量最小化；③在“电调”服从“水调”要求下，努力减少“水调”造成的上游梯级水电站发电损失。相应地，建立3个单目标函数如下：

$$\min f_{\mathrm{M}}=\max\left(\frac{1}{n}\sum_{i=1}^{n}W_{\mathrm{g},i}-W_{\mathrm{g}}^{\mathrm{P}},0\right) \tag{5.1}$$

$$\min f_{\mathrm{L}}=\max\left(W_{\mathrm{Ec}}^{\mathrm{D}}-\frac{1}{n}\sum_{i=1}^{n}W_{\mathrm{Ec},i}^{\mathrm{S}},0\right)+\varphi_1\cdot\max\left(W_{\mathrm{Ec}}^{\mathrm{KD}}-\frac{1}{n}\sum_{i=1}^{n}W_{\mathrm{Ec},i}^{\mathrm{KS}},0\right) \tag{5.2}$$

$$\min f_{\mathrm{U}}=\max\left(E_{\mathrm{C}}^{\mathrm{des}}-\frac{1}{n}\sum_{i=1}^{n}E_{\mathrm{C},i},0\right) \tag{5.3}$$

式中：f_{M}为中游地下水多年平均超采量，亿m^3；f_{L}为兼顾正义峡多年平均缺水量和狼心山生态关键期多年平均缺水量的生态缺水总量，亿m^3；f_{U}为上游梯级水电站多年平均损失量，亿kW·h；n为总年数；$W_{\mathrm{g},i}$为中游第i年地下水开采量，亿m^3；$W_{\mathrm{g}}^{\mathrm{P}}$为中游地下水可开采量，亿$\mathrm{m}^3$；$W_{\mathrm{Ec}}^{\mathrm{D}}$为下游生态需水量，亿$\mathrm{m}^3$；$W_{\mathrm{Ec},i}^{\mathrm{S}}$为第$i$年下游生态供水量，亿$\mathrm{m}^3$；$W_{\mathrm{Ec}}^{\mathrm{KD}}$为下游生态关键期需水量，亿$\mathrm{m}^3$；$W_{\mathrm{Ec},i}^{\mathrm{KS}}$为下游生态第$i$年关键期供水量，亿$\mathrm{m}^3$；$\varphi_1$为协调系数，取大于1的整数，用于协调生态年缺水量与关键期缺水量的关系；$E_{\mathrm{C}}^{\mathrm{des}}$为上游梯级水电站多年平均发电量设计值，亿kW·h；$E_{\mathrm{C},i}$为上游梯级水电站第i年发电量，亿kW·h。

从3个单目标的形式看，黑河流域水资源调配模型属于复杂的非线性多目标优化模型，为了便于求解模型，有必要在3个单目标基础上建立水资源调配综合目标。结合黑河流域实际情况，f_{M}和f_{L}为主要目标值，f_{U}为次要目标值，通过定性分析得出f_{M}、f_{L}和f_{U}处于同一数量级。在建立综合目标函数时，先取f_{M}和f_{L}的平方和，再与f_{U}线性叠加求和。此外，为使综合目标更灵活地适应黑河流域水资源调配需要，f_{L}和f_{U}前面应分别乘上一个弹性系数。

因此，建立综合目标如下：

$$\min F=f_{\mathrm{M}}^{2}+\varphi_{2} f_{\mathrm{L}}^{2}+\varphi_{3} f_{\mathrm{U}} \tag{5.4}$$

式中：F 为综合目标值；φ_2 和 φ_3 为弹性系数，$\varphi_2 \geqslant 1$，$0<\varphi_3 \leqslant 1$。

在式（5.2）和式（5.4）中，协调系数（φ_1）和弹性系数（φ_2 和 φ_3）属于经验性参数，需要经过多次试算并结合黑河水资源调配效果确定。

在无黄藏寺水库情况下，决策变量为河道闭口时间。当黄藏寺水库参与水资源调配时，黑河流域水资源调配模型的决策变量为黄藏寺水库旬末水位和河道闭口时间。根据生态需水关键期用水要求，河道闭口时间从4月和8月的6旬当中选择，各旬闭口时间以旬闭口率作为表征。旬闭口率是指河道旬闭口天数与旬总天数的比值，取值0～1。

（2）组成模块及运行过程。

根据黑河流域分区和水资源调配过程，将黑河流域水资源调配模型分成5个组成模块：黑河上游水电站水库群调度模块（简称“上游调度模块”）、梨园河灌区水资源调配模块（简称“梨园河调配模块”）、黑河中游12灌区（不含梨园河灌区）水资源配置模块（简称“中游配置模块”）、黑河中游灌区地下水模块（简称“中游地下水模块”）和黑河下游水资源配置模块（简称“下游配置模块”）。上述5个模块都由水资源贮存、转移和发挥效益过程中的初始条件、边界约束、平衡方程、运动方程和相关物理量计算式等组成。

上游调度模块主要功能是计算黄藏寺水库调蓄过程及上游梯级水电站出力过程。模块输入是黄藏寺水库水位-库容关系、旬初水位、旬均入库流量、旬均区间流量和水电站经济技术参数等。模块输出是旬末黄藏寺水库水位、旬均出库流量、莺落峡断面旬均流量以及不同水电站旬均出力等。

梨园河调配模块主要功能是计算鹦—红梯级水库调蓄过程及梨园河灌区地表和地下取水过程。模块输入是鹦—红梯级水库旬初水位和旬均入库流量、梨园河灌区旬需水量、旬初地下水位和需水打折系数等。模块输出是鹦—红梯级水库旬供水量、旬弃水流量和旬末蓄水量以及梨园河灌区旬地下取水量和旬缺水量等。需要说明的是，由于缺乏鹦鸽嘴水电站历史运行资料且该水电站多年平均发电量很小，故本模块不再计算该水电站的发电过程。

中游配置模块主要功能是计算中游12灌区（不含梨园河灌区）的渠引水和井引水过程。模块输入是莺落峡断面旬均流量、河道闭口时间、鹦—红梯级水库旬均弃水流量和中游12个灌区的旬需水量、旬初地下水位、灌溉水利用系数、中游过水断面大小与流量关系和需水打折系数等。模块输出是中游高崖、平川和正义峡断面旬均流量、灌区旬地表取水量、旬地下取水量和旬缺水量以及河道蒸发量等。

中游地下水模块主要功能是模拟中游13个灌区地下水位过程和计算灌区与

河道交换水量。模块输入是灌区面积、高程、水文地质参数、旬初地下水位、旬地表取水量、旬地下取水量、旬降水量和旬水面蒸发量等。模块输出是中游 13 个灌区的旬末地下水位、潜水蒸发量、灌区与河道地下水交换量、灌区与灌区地下水交换量和中游地下水超采量等。

下游配置模块主要功能是计算鼎新片区和东风场区的取水过程及哨马营断面和狼心山断面的流量过程。模块输入是正义峡旬均流量、河道闭口时间、狼心山断面以下旬生态需水量、鼎新和东风年内需水时间及下游相邻断面旬均流量关系等。模块输出是正义峡至哨马营旬损失水量、哨马营断面旬均流量、哨马营至狼心山旬损失水量和狼心山断面旬均流量等。

黑河流域水资源调配模型运行过程如图 5.3 所示：

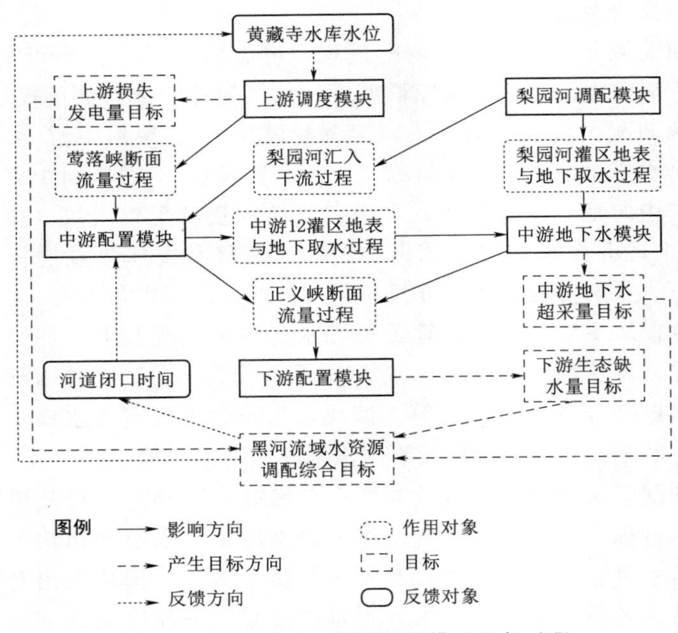

图 5.3 黑河流域水资源调配模型运行过程

1）设置模型运行最大次数，将给定的初始黄藏寺水库水位过程和初始河道闭口时间分别输入上游调度模块和中游配置模块。

2）上游调度模块运行通过改变莺落峡断面流量过程影响中游配置模块运行；梨园河调配模块运行通过改变梨园河汇入干流过程影响中游配置模型模块运行，通过改变梨园河灌区地表与地下取水过程影响中游地下水模块运行；中游配置模块运行通过改变中游 12 灌区地表与地下取水过程影响中游地下水模块运行；中游配置模块运行和中游地下水模块运行一起通过改变正义峡断面流量过程影响下游配置模块运行。

3）模型运行一次表示模型从调配期初计算至调配期末。在模型首次运行完毕后，上游调度模块、中游地下水模块和下游配置模块分别计算出上游损失发电量目标值、中游地下水超采量目标值和下游生态缺水量目标值，再汇总计算黑河流域水资源调配综合目标值。

4）根据综合目标值调整黄藏寺水库水位过程和河道闭口时间，进行下次模型运行过程，如此反复运行模型，直至运行次数达到最大次数为止，输出黑河流域水资源调配结果。

5.2.3 上游调度模块

（1）黄藏寺水库初始水位。

$$Z_0^{hzs}=Z_D^{hzs} \tag{5.5}$$

式中：Z_0^{hzs} 为水库起调水位；Z_D^{hzs} 为水库死水位，$Z_D^{hzs}=2580$m。

（2）黄藏寺水库水量平衡。

$$V_{ji}^{hzs}-V_{j-1,i}^{hzs}=(QI_{ji}^{hzs}-QO_{ji}^{hzs})\cdot\Delta t+\Delta W_{ji}^{hzs} \tag{5.6}$$

式中：V_{ji}^{hzs} 和 $V_{j-1,i}^{hzs}$ 分别为水库第 i 年第 j 旬旬末蓄水量和旬初蓄水量，万 m^3；QI_{ji}^{hzs} 和 QO_{ji}^{hzs} 分别为水库第 i 年第 j 旬平均入库流量和平均出库流量，m^3/s；Δt 为一旬，$\Delta t=87.66$ 万 s；ΔW_{ji}^{hzs} 为黄藏寺水库第 i 年第 j 旬的其他水量综合项，包括库区降水、蒸发和渗漏等，在本书中忽略不计。

（3）黄藏寺水库水位。

$$Z_D^{hzs}\leqslant Z_{ji}^{hzs}\leqslant Z_B^{hzs} \tag{5.7}$$

式中：Z_{ji}^{hzs} 为水库第 i 年第 j 旬旬末水位，m；Z_B^{hzs} 为水库兴利水位，与防洪限制水位相同，$Z_B^{hzs}=2628$m。

（4）黄藏寺水库出库流量。

$$QO_{min}^{hzs}\leqslant QO_{ji}^{hzs}\leqslant QO_{max}^{hzs} \tag{5.8}$$

式中：QO_{min}^{hzs} 为水库允许最小出库流量，$QO_{min}^{hzs}=9m^3/s$；QO_{ji}^{hzs} 为水库第 i 年第 j 旬平均出库流量，m^3/s；QO_{max}^{hzs} 为水库允许最大出库流量，取水库泄流能力，m^3/s。

（5）径流式水电站入库流量。

$$QI_{ji}^{k}=QI_{ji}^{k-1}+QI_{ji}^{k-1,k} \tag{5.9}$$

式中：$k(j=1\sim7)$ 为径流式水电站编号，1 为宝瓶河，2 为三道湾，3 为二龙山，4 为大孤山，5 为小孤山，6 为龙首二级，7 为龙首一级；QI_{ji}^{k} 和 QI_{ji}^{k-1} 为 k 和 $k-1$ 水电站第 i 年第 j 旬平均入库流量，$QI_{ji}^{0}=QI_{ji}^{hzs}$，$m^3/s$；$QI_{ji}^{k-1,k}$ 为 $k-1$ 至 k 水电站区间第 i 年第 j 旬平均入库流量，m^3/s。

（6）梯级水电站发电。

黄藏寺水电站出力：

$$N_{ji}^{\mathrm{hzs}}=\min\left[K^{\mathrm{hzs}}\cdot\min(QO_{ji}^{\mathrm{hzs}},Q_{\mathrm{E,max}}^{\mathrm{hzs}})\cdot\left(\frac{Z_{ji}^{\mathrm{hzs}}+Z_{j-1,i}^{\mathrm{hzs}}}{2}-Z_{\mathrm{tail},ji}^{\mathrm{hzs}}-h_{ji}^{\mathrm{hzs}}\right),N_{\mathrm{max}}^{\mathrm{hzs}}\right] \tag{5.10}$$

式中：N_{ji}^{hzs} 为第 i 年第 j 旬平均出力，MW；K^{hzs} 为综合出力系数；$Q_{\mathrm{E,max}}^{\mathrm{hzs}}$ 为旬最大发电引用流量，$\mathrm{m^3/s}$；$Z_{\mathrm{tail},ji}^{\mathrm{hzs}}$ 为第 i 年第 j 旬平均发电尾水位，m；h_{ji}^{hzs} 为第 i 年第 j 旬平均发电水头损失，m；$N_{\mathrm{max}}^{\mathrm{hzs}}$ 为装机容量，MW。

径流式水电站出力：

$$N_{ji}^{k}=\min[K^{k}\cdot\min(QI_{ji}^{k},Q_{\mathrm{E,max}}^{k})\cdot h_{\mathrm{des}}^{k},N_{\mathrm{max}}^{k}] \tag{5.11}$$

式中：N_{ji}^{k} 为 k 水电站第 i 年第 j 旬平均出力，MW；K^{k} 为 k 水电站的综合出力系数；QI_{ji}^{k} 为 k 水电站第 i 年第 j 旬平均入库流量，$\mathrm{m^3/s}$；$Q_{\mathrm{E,max}}^{k}$ 为 k 水电站最大发电引用流量，$\mathrm{m^3/s}$；h_{des}^{k} 为 k 水电站设计发电水头，m；N_{max}^{k} 为 k 水电站的装机容量，MW。

梯级水电站发电量：

$$E_{\mathrm{C},i}=\begin{cases}\left(\sum\limits_{j=1}^{7}N_{i}^{j}+N_{i}^{\mathrm{hzs}}\right)\cdot\Delta t & \text{(a)}\\ \sum\limits_{j=1}^{7}N_{i}^{j}\cdot\Delta t & \text{(b)}\end{cases} \tag{5.12}$$

式中：$E_{\mathrm{C},i}$ 为梯级水电站第 i 旬发电量，有黄藏寺水库采用式（a），无黄藏寺水库采用式（b），亿 kW·h。

5.2.4 梨园河调配模块

（1）子灌区需水分配。

在图 2.13 中，梨园河灌区分割成梨园河 1 和梨园河 2 两个子灌区，两个子灌区的灌溉、生活和工业需水量按面积比例分配。在中游配置模块中，凡有灌区分割的（图 2.13）也做如此处理，后面不再赘述。

（2）生活和工业供需水。

$$W_{\mathrm{g,gs},ji}^{\mathrm{S,lyh}k}=\rho_{\mathrm{gs},i}\cdot W_{\mathrm{gs},ji}^{\mathrm{D,lyh}k} \tag{5.13}$$

$$\rho_{\mathrm{gs},i}=\begin{cases}1, WI_{i}^{\mathrm{ylx}}\geqslant WI_{P=95\%}^{\mathrm{ylx}}\\ 0.95, WI_{i}^{\mathrm{ylx}}<WI_{P=95\%}^{\mathrm{ylx}}\end{cases} \tag{5.14}$$

式中：$W_{\mathrm{g,gs},ji}^{\mathrm{S,lyh}k}$ 为梨园河 $k(k=1,2)$ 灌区第 i 年第 j 旬的生活和工业的供水量，全部来自地下水，万 $\mathrm{m^3}$；$W_{\mathrm{gs},ji}^{\mathrm{D,lyh}k}$ 为梨园河 k 灌区第 i 年第 j 旬的生活和工业需水量，万 $\mathrm{m^3}$；$\rho_{\mathrm{gs},i}$ 为第 i 年生活和工业需水打折系数；WI_{i}^{ylx} 为莺落峡第 i 年天然来水量，亿 $\mathrm{m^3}$；$WI_{P=95\%}^{\mathrm{ylx}}$ 为莺落峡频率为 95%的天然来水量，亿 $\mathrm{m^3}$。

（3）灌溉供需水。

$$W_{\mathrm{ny},ji}^{\mathrm{S,lyh}k}=\rho_{\mathrm{ny},i}\cdot W_{\mathrm{ny},ji}^{\mathrm{D,lyh}k} \tag{5.15}$$

$$\rho_{ny,i}=\begin{cases}1, WI_i^{ylx}\geqslant WI_{P=50\%}^{ylx}; \\ \max(WI_i^{ylx}/WI_{P=50\%}^{ylx}, 0.65), WI_i^{ylx}<WI_{P=50\%}^{ylx}.\end{cases} \tag{5.16}$$

$$W_{g0,ny,ji}^{lyhk}=\min[W_{ny,ji}^{S,lyhk}, \max(W_{pg,ji}^{lyhk}-W_{g,gs,ji}^{S,lyhk}, 0)] \tag{5.17}$$

$$W_{pg,ji}^{lyhk}=A^{lyhk}\cdot\mu^{lyhk}\cdot\max(h_{g,D}^{lyhk}-h_{g,j-1,i}^{lyhk}, 0) \tag{5.18}$$

$$W_{s0,ny,ji}^{lyhk}=(W_{ny,ji}^{S,lyhk}-\eta_t^{lyhk}\cdot W_{g0,ny,ji}^{lyhk})/\eta_q^{lyhk} \tag{5.19}$$

$$W_{g1,ny,ji}^{lyhk}=(W_{s0,ny,ji}^{lyhk}-W_{s1,ny,ji}^{lyhk})/\eta_t^{lyhk} \tag{5.20}$$

式中：$W_{ny,ji}^{S,lyhk}$ 和 $W_{ny,ji}^{D,lyhk}$ 分别为梨园河 k 灌区第 i 年第 j 旬的灌溉供水量和需水量，万 m^3；$\rho_{ny,i}$ 为第 i 年灌溉需水打折系数；$WI_{P=50\%}^{ylx}$ 为莺落峡频率为 50% 的天然来水量，亿 m^3；$W_{g0,ny,ji}^{lyhk}$ 和 $W_{g1,ny,ji}^{lyhk}$ 分别为梨园河 k 灌区第 i 年第 j 旬的灌溉抽取地下水的允许量和超采量，万 m^3；$W_{s0,ny,ji}^{lyhk}$ 和 $W_{s1,ny,ji}^{lyhk}$ 分别为梨园河 k 灌区第 i 年第 j 旬灌溉从鹦—红梯级水库应引的水量和实引的水量，万 m^3；$W_{pg,ji}^{lyhk}$ 为梨园河 k 灌区第 i 年第 j 旬旬初对应的地下水可开采量，万 m^3；A^{lyhk} 为梨园河 k 灌区的面积，万亩；μ^{lyhk} 为梨园河 k 灌区的地下含水层给水度；$h_{g,D}^{lyhk}$ 为梨园河 k 灌区的最大允许开采埋深，m；$h_{g,j-1,i}^{lyhk}$ 为梨园河 k 灌区第 i 年第 j 旬旬初地下水埋深，m；η_t^{lyhk} 和 η_q^{lyhk} 分别为梨园河 k 灌区的田间水利用系数和渠系水利用系数。

（4）鹦—红梯级水库供水。

梯级水库初始总蓄水量：

$$V_0^{yh}=0 \tag{5.21}$$

式中：V_0^{yh} 为梯级水库初始总蓄水量，万 m^3。

梯级水库总蓄水量边界：

$$0\leqslant V_{ji}^{yh}\leqslant V_{max}^{yh} \tag{5.22}$$

式中：V_{ji}^{yh} 为梯级水库第 i 年第 j 旬总蓄水量，万 m^3；V_{max}^{yh} 为梯级水库最大总蓄水量，万 m^3。

梯级水库水量平衡：

$$V_{ji}^{yh}-V_{j-1,i}^{yh}=(QI_{ji}^{lyb}-QO_{ji}^{yh})\cdot\Delta t+\Delta W_{ji}^{yh} \tag{5.23}$$

式中：V_{ji}^{yh} 和 $V_{j-1,i}^{yh}$ 分别为梯级水库第 i 年第 j 旬旬末蓄水量和旬初蓄水量，万 m^3；QI_{ji}^{lyb} 和 QO_{ji}^{yh} 分别为梨园堡站第 i 年第 j 旬平均天然流量和梯级水库第 i 旬平均出库流量，m^3/s；ΔW_{ji}^{yh} 为梯级水库第 i 年第 j 旬的其他水量综合项，包括库区降水、蒸发和渗漏等，在本书中忽略不计。

梯级水库供水量：

$$W_{s1,ny,ji}^{lyhk}=\delta^{lyhk}\cdot\min\left(V_{j-1,i}^{yh}+QI_{ji}^{lyb}\cdot\Delta t, \sum_{k=1}^{2}W_{s0,ny,ji}^{lyhk}\right) \tag{5.24}$$

式中：δ^{lyhk} 为梨园河 k 灌区在梨园河灌区中的面积比重。

梯级水库弃水流量：

$$Q_{qs,ji}^{lyh}=\max\left(V_{j-1,i}^{yh}+QI_{ji}^{lyb}\cdot\Delta t-V_{max}^{yh}-\sum_{j=1}^{2}W_{s1,ny,ji}^{lyhk},0\right)\Big/\Delta t \tag{5.25}$$

式中：$Q_{qs,ji}^{lyh}$ 为梯级水库第 i 年第 j 旬平均弃水流量，也是梨园河第 i 年第 j 旬汇入干流的平均流量，m^3/s。

（5）引水能力约束

$$\sum_{k=1}^{2}(W_{g,gs,ji}^{S,lyhk}+W_{g0,ny,ji}^{lyhk}+W_{g1,ny,ji}^{lyhk})\leqslant W_{g,max}^{lyh} \tag{5.26}$$

$$\sum_{k=1}^{2}W_{s1,ny,ji}^{lyhk}\leqslant W_{s,max}^{lyh} \tag{5.27}$$

式中：$W_{g,max}^{lyh}$ 和 $W_{s,max}^{lyh}$ 分别为梨园河灌区井群引水和渠系引水能力，万 m^3/旬。

5.2.5 中游配置模块

（1）生活和工业供需水。

$$W_{g,gs,ji}^{S,namek}=\rho_{gs,i}\cdot W_{gs,ji}^{D,namek} \tag{5.28}$$

式中：name 为灌区名称，k 为子灌区编号；$W_{g,gs,ji}^{S,namek}$ 为灌区 name$k$ 第 i 年第 j 旬的生活和工业的供水量，全部来自地下水，万 m^3；$W_{gs,ji}^{D,namek}$ 为灌区 name$k$ 第 i 年第 j 旬的生活和工业需水量，万 m^3。

（2）灌溉供需水。

$$W_{ny,ji}^{S,namek}=\rho_{ny,i}\cdot W_{ny,ji}^{D,namek} \tag{5.29}$$

$$W_{g0,ny,ji}^{namek}=\min[W_{ny,ji}^{S,namek},\max(W_{pg,ji}^{namek}-W_{g,gs,ji}^{S,namek},0)] \tag{5.30}$$

$$W_{pg,ji}^{namek}=A^{namek}\cdot\mu^{namek}\cdot\max(h_{g,D}^{namek}-h_{g,j-1,i}^{namek},0) \tag{5.31}$$

$$W_{s0,ny,ji}^{namek}=(W_{ny,ji}^{S,namek}-\eta_t^{namek}\cdot W_{g0,ny,ji}^{namek})/\eta_q^{namek} \tag{5.32}$$

$$W_{g1,ny,ji}^{namek}=(W_{s0,ny,ji}^{namek}-W_{s1,ny,ji}^{namek})/\eta_t^{namek} \tag{5.33}$$

式中：$W_{ny,ji}^{S,namek}$ 和 $W_{ny,ji}^{D,namek}$ 分别为 name$k$ 灌区第 i 年第 j 旬的灌溉供水量和需水量，万 m^3；$W_{g0,ny,ji}^{namek}$ 和 $W_{g1,ny,ji}^{namek}$ 分别为 name$k$ 灌区第 i 年第 j 旬的灌溉抽取地下水的允许量和超采量，万 m^3；$W_{s0,ny,ji}^{namek}$ 和 $W_{s1,ny,ji}^{namek}$ 分别为 name$k$ 灌区第 i 年第 j 旬灌溉从干流中游相应河段应引的水量和实引的水量，万 m^3；$W_{pg,ji}^{namek}$ 为 name$k$ 灌区第 i 年第 j 旬旬初对应的地下水可开采量，万 m^3；A^{namek} 为 name$k$ 灌区的面积，万亩；μ^{namek} 为 name$k$ 灌区的地下含水层给水度；$h_{g,D}^{namek}$ 为 name$k$ 灌区的最大允许开采埋深，m；$h_{g,j-1,i}^{namek}$ 为 name$k$ 灌区第 i 年第 j 旬旬初地下水埋深，m；η_t^{namek} 和 η_q^{namek} 分别为 name$k$ 灌区的田间水利用系数和渠系水利用系数。

在本书中，隶属于同一灌区 name 的所有子灌区具有相同的最大允许开采埋深、田间水利用系数和渠系水利用系数。

（3）干流中游河段供水。

将干流中游分成莺落峡至高崖河段（简称“莺高河段”）、高崖至平川河段（简称“高平河段”）和平川至正义峡河段（简称“平正河段”），对每个河段供水灌区和与该河段有地表水地下水转换的灌区进行编号。在莺高河段，上三灌区为1，大满灌区为2，盈科1灌区为3，盈科4灌区为4，西浚1灌区为5，盈科2灌区为6，盈科3灌区为7，西浚2灌区为8，沙河灌区为9。在高平河段，盈科3灌区为1，板桥灌区为2，鸭暖2灌区为3，平川1灌区为4，蓼泉1灌区为5，鸭暖1灌区为6，平川2灌区为7，蓼泉2灌区为8。在平正河段，平川2灌区为1，蓼泉2灌区为2，六坝灌区为3，友联1灌区为4，友联2灌区为5，罗城1灌区为6，罗城2灌区为7。

1）莺高河段。

河段向灌区灌溉实供水量：

$$W_{ji}^{\mathrm{r1}} = Q_{ji}^{\mathrm{ylx}} \cdot \Delta t + \sum_{num=1}^{6} W_{\mathrm{ex},ji}^{\mathrm{r1},num} \tag{5.34}$$

$$W1_{\mathrm{s1,ny},ji}^{num} = (1-\xi_j) \cdot \min\left(W_{ji}^{\mathrm{r1}}, \sum_{num=1}^{9} W_{\mathrm{s0,ny},ji}^{num}\right) \cdot W_{\mathrm{s0,ny},ji}^{num} \Big/ \sum_{num=1}^{9} W_{\mathrm{s0,ny},ji}^{num} \tag{5.35}$$

式中：W_{ji}^{r1} 为莺高河段第 i 年第 j 旬的可用水量，万 m^3；Q_{ji}^{ylx} 为莺落峡断面第 i 年第 j 旬平均下泄流量，m^3/s；$W_{\mathrm{ex},ji}^{\mathrm{r1},num}$ 为莺高河段地表水与灌区 num 地下水在第 i 年第 j 旬的交换水量，万 m^3；ξ_j 为第 j 旬闭口率，非生态需水关键期各旬取0，生态需水关键期各旬取0～1；$W1_{\mathrm{s1,ny},ji}^{num}$ 为莺高河段给灌区 num 用于灌溉的实际供水量，万 m^3。

河段降水与蒸发水量差：

$$W1_{ji}^{PE} = (P1_{ji} - E1_{0,ji}) \cdot B1_{ji} \cdot L1/10000 \tag{5.36}$$

$$Q_{\mathrm{B},ji}^{\mathrm{yg}} = 0.5\left[Q_{ji}^{\mathrm{ylx}} + \left(W_{ji}^{\mathrm{r1}} - \sum_{num=1}^{9} W1_{\mathrm{s1,ny},ji}^{num}\right) \Big/ \Delta t\right] \tag{5.37}$$

式中：$W1_{ji}^{PE}$ 为莺高河段第 i 年第 j 旬降水与蒸发水量差，万 m^3；$P1_{ji}$ 和 $E1_{0,ji}$ 分别为莺高河段第 i 年第 j 旬降水量和水面蒸发强度，mm；$B1_{ji}$ 为莺高河段第 i 年第 j 旬平均水面宽度，m；$L1$ 为莺高河段长度，km；$Q_{\mathrm{B},ji}^{\mathrm{yg}}$ 为莺高河段不考虑降水和蒸发时的旬均流量，m^3/s，可用式（3.17）估算莺高河段第 i 年第 j 旬平均水宽。

高崖断面流量：

$$Q_{ji}^{\mathrm{gy}} = \left(W_{ji}^{\mathrm{r1}} + W1_{ji}^{PE} - \sum_{num=1}^{9} W1_{\mathrm{s1,ny},ji}^{num}\right) \Big/ \Delta t \tag{5.38}$$

式中：Q_{ji}^{gy} 为高崖断面第 i 年第 j 旬平均流量，m^3/s。

2）高平河段。

河段向灌区灌溉实供水量：

$$W_{ji}^{r2}=(Q_{ji}^{gy}+Q_{qs,ji}^{lyh})\cdot\Delta t+\sum_{num=1}^{5}W_{ex,ji}^{r2,num} \tag{5.39}$$

$$W2_{s1,ny,ji}^{num}=(1-\xi_j)\cdot\min\left(W_{ji}^{r2},\sum_{num=2}^{8}W_{s0,ny,ji}^{num}\right)\cdot W_{s0,ny,ji}^{num}\Big/\sum_{num=2}^{8}W_{s0,ny,ji}^{num} \tag{5.40}$$

式中：W_{ji}^{r2} 为高平河段第 i 年第 j 旬的可用水量，万 m^3；$W_{ex,ji}^{r2,num}$ 为高平河段地表水与灌区 num 地下水在第 i 年第 j 旬的交换水量，万 m^3；$W2_{s1,ny,ji}^{num}$ 为高平河段给灌区 num 用于灌溉的实际供水量，万 m^3。

河段降水与蒸发水量差：

$$W2_{ji}^{PE}=(P2_{ji}-E2_{0,ji})\cdot B2_{ji}\cdot L2/10000 \tag{5.41}$$

$$Q_{B,ji}^{gp}=0.5\left[Q_{ji}^{gy}+\left(W_{ji}^{r2}-\sum_{num=2}^{8}W2_{s1,ny,ji}^{num}\right)/\Delta t\right] \tag{5.42}$$

式中：$W2_{ji}^{PE}$ 为高平河段第 i 年第 j 旬降水与蒸发水量差，万 m^3；$P2_{ji}$ 和 $E2_{0,ji}$ 分别为高平河段第 i 年第 j 旬降水量和水面蒸发强度，mm；$B2_{ji}$ 为高平河段第 i 年第 j 旬平均水面宽度，m；$L2$ 为高平河段长度，km；$Q_{B,ji}^{gp}$ 为高平河段不考虑降水和蒸发时的旬均流量，m^3/s，可用式（3.17）估算高平河段第 i 年第 j 旬平均水宽。

平川断面流量：

$$Q_{ji}^{pc}=\left(W_{ji}^{r2}+W2_{ji}^{PE}-\sum_{num=2}^{8}W2_{s1,ny,ji}^{num}\right)\Big/\Delta t \tag{5.43}$$

式中：Q_{ji}^{pc} 为平川断面第 i 年第 j 旬平均流量，m^3/s。

3）平正河段。

河段向灌区灌溉实供水量：

$$W_{ji}^{r3}=Q_{ji}^{pc}\cdot\Delta t+\sum_{num=1}^{7}W_{ex,ji}^{r3,num} \tag{5.44}$$

$$W3_{s1,ny,ji}^{num}=(1-\xi_j)\cdot\min\left(W_{ji}^{r3},\sum_{num=3}^{7}W_{s0,ny,ji}^{num}\right)\cdot W_{s0,ny,ji}^{num}\Big/\sum_{num=3}^{7}W_{s0,ny,ji}^{num} \tag{5.45}$$

式中：W_{ji}^{r3} 为平正河段第 i 年第 j 旬的可用水量，万 m^3；$W_{ex,ji}^{r3,num}$ 为平正河段地表水与灌区 num 地下水在第 i 年第 j 旬的交换水量，万 m^3；$W3_{s1,ny,ji}^{num}$ 为平正河段给灌区 num 用于灌溉的实际供水量，万 m^3。

河段降水与蒸发水量差：

$$W3_{ji}^{PE}=(P3_{ji}-E3_{0,ji})\cdot B3_{ji}\cdot L3/10000 \tag{5.46}$$

$$Q_{\mathrm{B},ji}^{\mathrm{pz}}=0.5\left[Q_{ji}^{\mathrm{pc}}+\left(W_{ji}^{\mathrm{r3}}-\sum_{num=3}^{7}W3_{\mathrm{sl,ny},ji}^{num}\right)/\Delta t\right] \tag{5.47}$$

式中：$W3_{ji}^{PE}$ 为平正河段第 i 年第 j 旬降水与蒸发水量差，万 m^3；$P3_{ji}$ 和 $E3_{0,ji}$ 分别为平正河段第 i 年第 j 旬降水量和水面蒸发强度，mm；$B3_{ji}$ 为平正河段第 i 年第 j 旬平均水面宽度，m；$L3$ 为平正河段长度，km；$Q_{\mathrm{B},ji}^{\mathrm{pz}}$ 为平正河段不考虑降水和蒸发时的旬均流量，m^3/s，可用式（3.17）估算平正河段第 i 年第 j 旬平均水宽。

正义峡断面流量：

$$Q_{ji}^{\mathrm{zyx}}=\left(W_{ji}^{\mathrm{r3}}+W3_{ji}^{PE}-\sum_{num=3}^{7}W3_{\mathrm{sl,ny},ji}^{num}\right)\Big/\Delta t \tag{5.48}$$

式中：Q_{ji}^{zyx} 为正义峡断面第 i 年第 j 旬平均流量，m^3/s。

（4）引水能力约束。

$$\sum_{k=1}^{m}\left(W_{\mathrm{g,gs},ji}^{\mathrm{S,name}k}+W_{\mathrm{g0,ny},ji}^{\mathrm{name}k}+W_{\mathrm{g1,ny},ji}^{\mathrm{name}k}\right)\leqslant W_{\mathrm{g,max}}^{\mathrm{name}} \tag{5.49}$$

$$\sum_{num=1}^{9}W1_{\mathrm{sl,ny},ji}^{num}\leqslant W_{\mathrm{s,max}}^{\mathrm{yg}} \tag{5.50}$$

$$\sum_{num=2}^{8}W2_{\mathrm{sl,ny},ji}^{num}\leqslant W_{\mathrm{s,max}}^{\mathrm{gp}} \tag{5.51}$$

$$\sum_{num=3}^{7}W3_{\mathrm{sl,ny},ji}^{num}\leqslant W_{\mathrm{s,max}}^{\mathrm{pz}} \tag{5.52}$$

式中：m 为灌区 name 分割的子灌区数量；$W_{\mathrm{g,max}}^{\mathrm{name}}$ 为灌区 name 的井群引水能力，万 m^3/旬；$W_{\mathrm{s,max}}^{\mathrm{yg}}$、$W_{\mathrm{s,max}}^{\mathrm{gp}}$ 和 $W_{\mathrm{s,max}}^{\mathrm{pz}}$ 分别为莺高河段、高平河段和平正河段的渠系引水能力，万 m^3/旬。

5.2.6 中游地下水模块

黑河流域中游水文地质情况比较复杂，以张掖盆地为例，如图 5.4 所示[88]。根据地下水埋藏条件，盆地南部地下水为单层结构潜水系统，北部地下水为潜水-承压水多层结构系统。含水系统厚度以盆地中部最大，可达 500～1000m，向南北两侧递减至 100～200m。

本书地下水模型涉及黑河干流中游 23 个灌区及子灌区单元，分别是上三、大满、盈科 1、盈科 2、盈科 3、盈科 4、西浚 1、西浚 2、梨园河 1、梨园河 2、沙河、板桥、鸭暖 1、鸭暖 2、平川 1、平川 2、蓼泉 1、蓼泉 2、六坝、友联 1、友联 2、罗城 1 和罗城 2。若采用地下水数值模拟模型计算不同灌区的旬地下水变化量，不仅过程复杂，而且计算量很大，十分不便于黑河流域地表水与地下

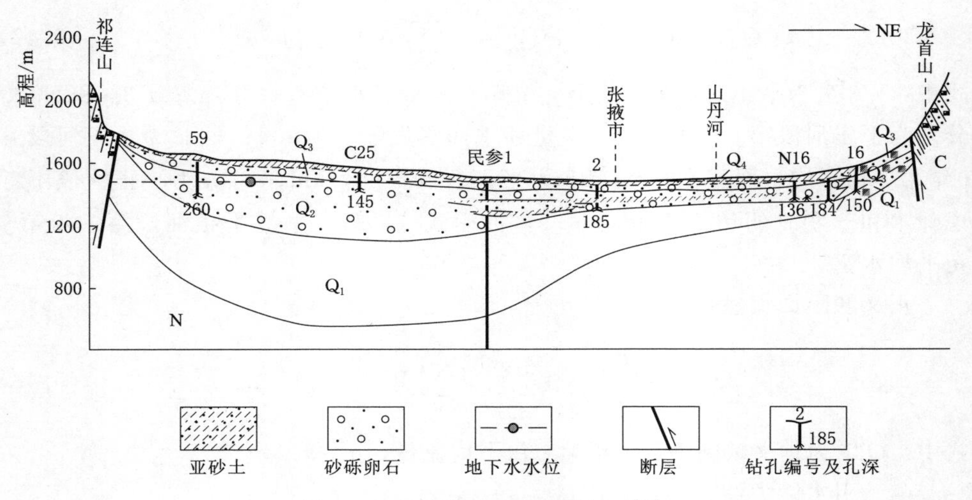

图 5.4 张掖盆地水文地质剖面[88]

水旬尺度上的联合调配。因此，本书基于地下水文学方法建立黑河流域中游地下水均衡模型。

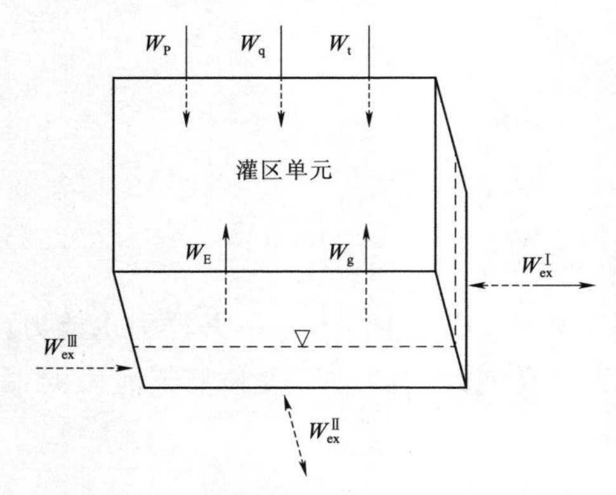

图 5.5 黑河流域中游灌区单元地下水水量收支项

灌区单元地下水水量收支项如图5.5所示。在灌区单元垂向上，W_P、W_q、W_t、W_E 和 W_g 分别为降水旬入渗补给量、渠系旬渗漏补给量、田间旬入渗补给量、潜水旬蒸发量和地下水旬开采量，万 m^3。在灌区单元侧向上，$W_{ex}^{Ⅰ}$、$W_{ex}^{Ⅱ}$ 和 $W_{ex}^{Ⅲ}$ 分别为本灌区单元地下水与相应干流河段地表水的旬交换量、本灌区单元与相邻灌区单元的地下水旬交换量和灌区外地下水给本灌区单元地下水的旬补给量，万 m^3。

(1) 中游地下水模块若干假定。

1) 中游地下水为单层结构潜水系统。

2) 灌区单元旬内地下水位稳定。

3) 灌区外地下水各旬单向等量补给灌区单元地下水。

4) 灌区单元地下水交换相互独立。

(2) 灌区单元地下水均衡方程。

$$\mu A(Z_{g,j-1,i}-Z_{g,ji})=W_{P,ji}+W_{q,ji}+W_{t,ji}-W_{E,ji}-W_{g,ji}+W_{ex,ji}^{Ⅰ}+W_{ex,ji}^{Ⅱ}+W_{ex,ji}^{Ⅲ} \tag{5.53}$$

式中：μ 为灌区单元地下水给水度；A 为灌区单元面积，万 m^2；$Z_{g,j-1,i}$ 和 $Z_{g,ji}$ 分别为灌区单元第 i 年第 j 旬旬初和旬末地下水位，m。

（3）灌区单元降水入渗补给量。

$$W_{P,ji}=\alpha AP_{ji}/1000 \tag{5.54}$$

式中：α 为旬降水入渗补给系数；P_{ji} 为第 i 年第 j 旬降水量，mm。

（4）灌区单元渠系渗漏补给量。

$$W_{q,ji}=m_r(1-\eta_q)\cdot W_{sl,ny,ji} \tag{5.55}$$

式中：m_r 为渠系渗漏比例系数；η_q 为渠系水利用系数；$W_{sl,ny,ji}$ 为第 i 年第 j 旬的实际灌溉供水量，万 m^3。

（5）灌区单元田间入渗补给量。

$$Q_{t,ji}=(\eta_q W_{sl,ny,ji}+W_{g,ny,ji})\eta_t\beta \tag{5.56}$$

$$W_{t,ji}=\sum_{k=1}^{N}Q_{t,j-k,i} \tag{5.57}$$

$$N=\begin{cases}[H/(kK_V\cdot\Delta t)],H\geqslant kK_V\cdot\Delta t;\\1,H<kK_V\cdot\Delta t.\end{cases} \tag{5.58}$$

式中：$Q_{t,ij}$ 为第 i 年第 j 旬的田间入渗量，万 m^3；$W_{g,ny,ji}$ 为第 i 年第 j 旬用于灌溉的地下水开采量，万 m^3；η_t 和 β 分别为田间水利用系数和田间入渗补给系数；N 为田间入渗补给地下水的最大延迟旬数；H 为灌区单元包气带厚度，随地下水位变化而变化，m；K_V 为垂向渗透系数，m/s；$[H/(kK_V\cdot\Delta t)]$ 表示不超过 $H/(kK_V\cdot\Delta t)$ 的最大整数。

（6）灌区单元潜水旬蒸发量。

$$W_{E,ji}=Ah_{E,ji}/1000 \tag{5.59}$$

$$h_{E,ji}=\begin{cases}(E_{0,ji}-h_{s,ji})(1-h_{g,j-1,i}/h_g^{max})^z,E_{0,ji}-h_{s,ji}>0;\\0,E_{0,ji}-h_{s,ji}\leqslant 0.\end{cases} \tag{5.60}$$

$$h_{s,ji}=(1-\alpha)P_{ji}+1000[(1-m-\eta_q\eta_t\beta)W_{sl,ny,ji}+(1-\eta_t\beta)W_{g,ny,ji}]/A \tag{5.61}$$

式中：$h_{E,ji}$ 为第 i 年第 j 旬潜水蒸发深度，mm；$E_{0,ji}$ 为第 i 年第 j 旬水面蒸发量，mm；$h_{s,ji}$ 为第 i 年第 j 旬地表来水损失深度，mm；$h_{g,j-1,i}$ 为第 i 年第 j 旬旬初地下水埋深，m；h_g^{max} 为潜水蒸发极限埋深，m；z 为阿维里扬诺夫潜水蒸发公式[89] 的经验常数。

(7) 灌区单元地下水开采量。

$$W_{g,ji}=W_{g,gs,ji}+W_{g,ny,ji} \tag{5.62}$$

$$W_{g,ny,ji}=W_{g0,ny,ji}+W_{g1,ny,ji} \tag{5.63}$$

式中：$W_{g,gs,ji}$ 为第 i 年第 j 旬用于生活和工业的地下水开采量，万 m^3；$W_{g0,ny,ji}$ 和 $W_{g1,ny,ji}$ 分别为第 i 年第 j 旬用于灌溉的地下水可开采量和超采量，万 m^3。

(8) 潜水流坡宽积和宽长比。

潜水稳定运动方程[90]：

$$q_g=B_gT_g\frac{Z_g^u-Z_g^l}{D_g} \tag{5.64}$$

$$T_g=K_LM_g \tag{5.65}$$

式中：q_g 为潜水流量，m^3/s；B_g 为潜水流断面水平宽度，m；T_g 为潜水流上断面与下断面之间的导水系数，m^2/s；Z_g^u 和 Z_g^l 分别为潜水流上、下断面的水位，m；D_g 为潜水渗流上、下断面的水平距离，m；K_L 为侧向渗透系数，m/s；M_g 为潜水流上、下断面平均厚度，m。

潜水流坡宽积（d_g）和潜水流宽长比（e_g）分别定义如下：

$$d_g=B_g\frac{Z_g^u-Z_g^l}{D_g} \tag{5.66}$$

$$e_g=\frac{B_g}{D_g} \tag{5.67}$$

式中：d_g 的单位为 m；e_g 为无量纲。

(9) 灌区单元地下水与河道地表水交换量。

$$W_{ex,ji}^{\mathrm{I},namek}=T_g^{\mathrm{I},namek}e_g^{\mathrm{I},namek}(Z_r^{namek}+h_{r,ji}^{namek}-Z_{g,j-1,i}^{namek})\cdot\Delta t \tag{5.68}$$

式中：$W_{ex,ji}^{\mathrm{I},namek}$ 为第 i 年第 j 旬 name$k$ 灌区地下水与相应河段地表水的交换量，万 m^3，正值表示河段地表水补给灌区地下水，负值表示灌区地下水补给河段地表水；$T_g^{\mathrm{I},namek}$ 为 name$k$ 灌区与相应河段之间的导水系数，m^2/s；$e_g^{\mathrm{I},namek}$ 为 name$k$ 灌区与相应河段之间的潜水流宽长比；Z_r^{namek} 为 name$k$ 灌区相应河段平均河底高程，m；$h_{r,ji}^{namek}$ 为 name$k$ 灌区相应河段第 i 年第 j 旬的平均水深，m，可将相应河段上断面第 i 年第 j 旬的旬均流量代入式（3.16）估算；$Z_{g,j-1,i}^{namek}$ 为 name$k$ 灌区第 i 年第 j 旬的旬初地下水位，m。

(10) 相邻灌区单元地下水交换量。

$$W_{ex,ji}^{\mathrm{II},namek}=\sum_{l=1}^{L}T_g^{l,namek}e_g^{l,namek}(Z_{g,j-1,i}^{l,namek}-Z_{g,j-1,i}^{namek})\cdot\Delta t \tag{5.69}$$

式中：L 为 name$k$ 灌区的相邻灌区数量；$T_g^{l,namek}$ 为 name$k$ 灌区与第 l 个相邻灌区之间的导水系数，m^2/s；$e_g^{l,namek}$ 为 name$k$ 灌区与第 l 个相邻灌区之间的潜水流宽长比；$Z_{g,j-1,i}^{l,namek}$ 为 name$k$ 灌区第 l 个相邻灌区第 i 年第 j 旬的旬初地下水位，m。

（11）灌区外地下水给灌区单元地下水补给量。

$$W_{ex,ji}^{Ⅲ,namek}=T_{g}^{Ⅲ,namek}d_{g}^{Ⅲ,namek}\cdot\Delta t \tag{5.70}$$

式中：$W_{ex,ji}^{Ⅲ,namek}$ 为第 i 年第 j 旬灌区外地下水给 name$k$ 灌区地下水的补给量，万 m^3；$T_{g}^{Ⅲ,namek}$ 为灌区外与 name$k$ 灌区之间的导水系数，m^2/s；$d_{g}^{Ⅲ,namek}$ 为灌区外到 name$k$ 灌区的潜水流坡宽积，m。

5.2.7 下游配置模块

（1）正义峡至哨马营河段（简称“正哨河段”）。

鼎新片区取水：

$$W_{ji}^{dx}=\min(9000/W_{i}^{zs},1)\cdot\lambda_{ji}^{dx}\cdot Q_{ji}^{zyx}\cdot\Delta t \tag{5.71}$$

$$W_{i}^{zs}=\sum_{j=1}^{36}\lambda_{ji}^{dx}Q_{ji}^{zyx}\cdot\Delta t \tag{5.72}$$

$$\lambda_{ji}^{dx}=\min(\xi_{j},\tau_{j}^{dx},\psi_{ji}^{zyx}) \tag{5.73}$$

$$Q_{ji}^{dx}=W_{ji}^{dx}/\Delta t \tag{5.74}$$

式中：W_{ji}^{dx} 为鼎新片区第 i 年第 j 旬从正哨河段引取的水量，万 m^3；W_{i}^{zs} 为正哨河段第 i 年可用水量，万 m^3；λ_{ji}^{dx} 为鼎新片区第 i 年第 j 旬实取水比例；ξ_{j} 为鼎新片区第 j 旬应取水比例；τ_{j}^{dx} 为鼎新片区第 j 旬需水判断数，取 1 表示需水，取 0 表示不需水；ψ_{ji}^{zyx} 为正义峡断面第 i 年第 j 旬流量判断数，取 1 表示有流量，取 0 表示断流；Q_{ji}^{dx} 为鼎新片区第 i 年第 j 旬取水流量，m^3/s。

将 Q_{ji}^{zyx} 和 Q_{ji}^{dx} 代入式（3.18）（a）可计算哨马营断面第 i 年第 j 旬平均流量 Q_{ji}^{smy}。

（2）哨马营至狼心山河段（简称“哨狼河段”）。

东风场区取水：

$$W_{ji}^{df}=\min(6000/W_{i}^{sl},1)\cdot\lambda_{ji}^{df}\cdot Q_{ji}^{smy}\cdot\Delta t \tag{5.75}$$

$$W_{i}^{sl}=\sum_{j=1}^{36}\lambda_{ji}^{df}Q_{ji}^{smy}\cdot\Delta t \tag{5.76}$$

$$\lambda_{ji}^{df}=\min(\xi_{j},\tau_{j}^{df},\psi_{ji}^{smy}) \tag{5.77}$$

$$Q_{ji}^{df}=W_{ji}^{df}/\Delta t \tag{5.78}$$

式中：W_{ji}^{df} 为东风场区第 i 年第 j 旬从哨狼河段引取的水量，万 m^3；W_{i}^{sl} 为哨狼河段第 i 年可用水量，万 m^3；λ_{ji}^{df} 为东风场区第 i 年第 j 旬实取水比例；ξ_{j} 为东风场区第 j 旬应取水比例；τ_{j}^{df} 为东风场区第 j 旬需水判断数，取 1 表示需水，取 0 表示不需水；ψ_{ji}^{smy} 为哨马营断面第 i 年第 j 旬流量判断数，取 1 表示有流量，取 0 表示断流；Q_{ji}^{df} 为东风场区第 i 年第 j 旬取水流量，m^3/s。

将 Q_{ji}^{smy} 和 Q_{ji}^{df} 代入式（3.18）（b）可计算狼心山断面第 i 年第 j 旬平均流量。

5.3 并行粒子群算法

受鸟群捕食行为规律启发，Kenndy 和 Eberhart 在 1995 年提出了粒子群优化（partical swarm optimization，PSO）算法[91]。该算法参数简单，搜索高效，已广泛应用于函数拟合、聚类分析、系统优化等。

PSO 算法的粒子表示 D 维空间优化问题的潜在解，每个粒子都有 3 个属性：位置 x、速度 v 和适应度 f。其中，x 代表优化问题的解；v 表示解的变化量；f 由目标函数决定，反映解的优劣程度。假定粒子群的粒子数量为 n，在每次迭代进化过程中，每个粒子 $i(i=1,2,\cdots,n)$ 都有一个历史最优位置 x_i^{best}（局部最优位置），粒子群有一个历史最优位置 x^{best}（全局最优位置）。在确定当代局部最优位置和全局最优位置后，粒子群更新位置和速度，进入下一代进化计算。粒子群位置和速度更新公式[92] 如下：

$$x_i(j+1)=\begin{cases}x_i(j)+v_i(j+1), & x_L\leqslant x_i(j)+v_i(j+1)\leqslant x_U\\ x_L+0.25(x_U-x_L), & x_i(j)+v_i(j+1)<x_L\\ x_U-0.25(x_U-x_L), & x_i(j)+v_i(j+1)>x_U\end{cases} \tag{5.79}$$

$$v_i(j+1)=w_j\cdot v_i(j)+c_1\cdot \text{rand}_1^j\cdot(x_i^{best}-x_i)+c_2\cdot \text{rand}_2^j\cdot(x^{best}-x_i) \tag{5.80}$$

$$w_j=w_{max}-j\frac{w_{max}-w_{min}}{m} \tag{5.81}$$

式中：$x_i(j)$ 和 $x_i(j+1)$ 分别为粒子 i 第 j 代和第 $j+1$ 代的位置；$v_i(j)$ 和 $v_i(j+1)$ 分别为粒子 i 第 j 代和第 $j+1$ 代的速度；x_L 和 x_U 分别为粒子位置的下界和上界；w_j 为动态惯性权重，与迭代次数有关；c_1 和 c_2 为学习因子，一般 $c_1=c_2=2$；rand_1^j 和 rand_2^j 分别为第 j 代进化产生的随机数，都位于 [0，1] 区间；w_{max} 和 w_{min} 分别为惯性权重最大值和最小值，一般情况下 $w_{max}=1.4$，$w_{min}=0$；m 为最大迭代次数。

随着数据量的增加和计算复杂程度的提高，串行算法的计算效率越来越不能满足优化问题的需要。并行粒子群算法（Shared - PSO）就是将粒子群算法与并行计算技术相结合，进一步提高 PSO 算法高效求解问题的能力[93]。本书充分利用工作站多核处理器的并行计算能力，将不同粒子个体分配给多核 CPU 进行并行计算。通过 MATLAB 编程在多核工作站平台上实现 Shared - PSO 算法，以求解黑河流域水资源调配中的复杂非线性优化问题，算法流程如图 5.6 所示。

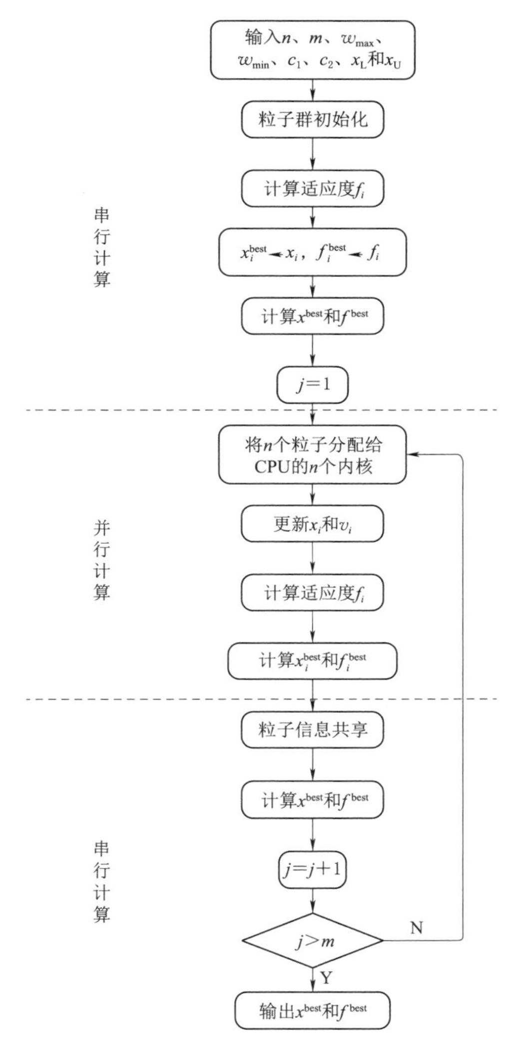

图 5.6　并行粒子群算法流程

5.4 本 章 小 结

本章对黑河流域研究区水资源调配系统进行了概述，说明了研究区水资源调配任务、用户需水保证情况和水资源调配次序等，建立了包含上游调度模块、梨园河调配模块、中游配置模块、中游地下水模块和下游配置模块的黑河流域地表水与地下水多目标联合调配模型，选择采用并行粒子群算法求解黑河流域水资源调配中的复杂非线性优化问题。

第6章

黑河流域水资源调配方案集及综合评价体系

6.1 黑河流域水资源调配方案集

6.1.1 方案制定原则和依据

1. 制定原则

制定黑河流域水资源调配方案就是为了缓解社会经济和生态环境之间以及社会经济内部用户之间的用水矛盾。因此，方案制定应遵循流域发展可持续性、经济技术可行性、社会可接受性和水资源利用合理性4大原则。

（1）流域发展可持续性。要求能够有效促进社会经济发展和改善生态环境，满足流域人口、社会经济和生态环境协调发展的需求。

（2）经济技术可行性。要求务必符合社会经济发展规律，立足水资源供需现状，着眼未来水利规划，具有经济可行性和技术可操作性。

（3）社会可接受性。要求综合考虑不同用水部门的利益，统筹协调流域不同地理分区用水部门需水关系，能够被社会基本认可和接受。

（4）水资源利用合理性。要求并重开源与节流措施，力求水资源配置公平高效，充分利用地表水，合理开采地下水，建设节水型社会经济体系。

2. 制定依据

黑河流域水资源调配方案制定的主要依据有《黑河流域近期治理规划》《黑河流域水资源开发利用保护计划》《黑河中游地区水资源开发利用效率评估》《黑河流域中游地表水和地下水优化配置技术方案编制》等。

6.1.2 水资源调配方案集

1. 调配水平年和情景设置

黑河流域现状水平年、近期水平年和远期水平年分别为2012年、2020年和2030年。根据水资源调配方案制定原则，结合水资源调配方案制定依据，利用AHP法确定黑河流域水资源调配情景的，如图6.1所示。该图目标层为黑河流域水资源配置情景设置，准则层包含供水侧和需水侧两个方面，要素层从准则层的2个方面出发衍生出干流平原水库、黄藏寺水库等7个要素，状态层描述了不同要素的存在和发展状态。

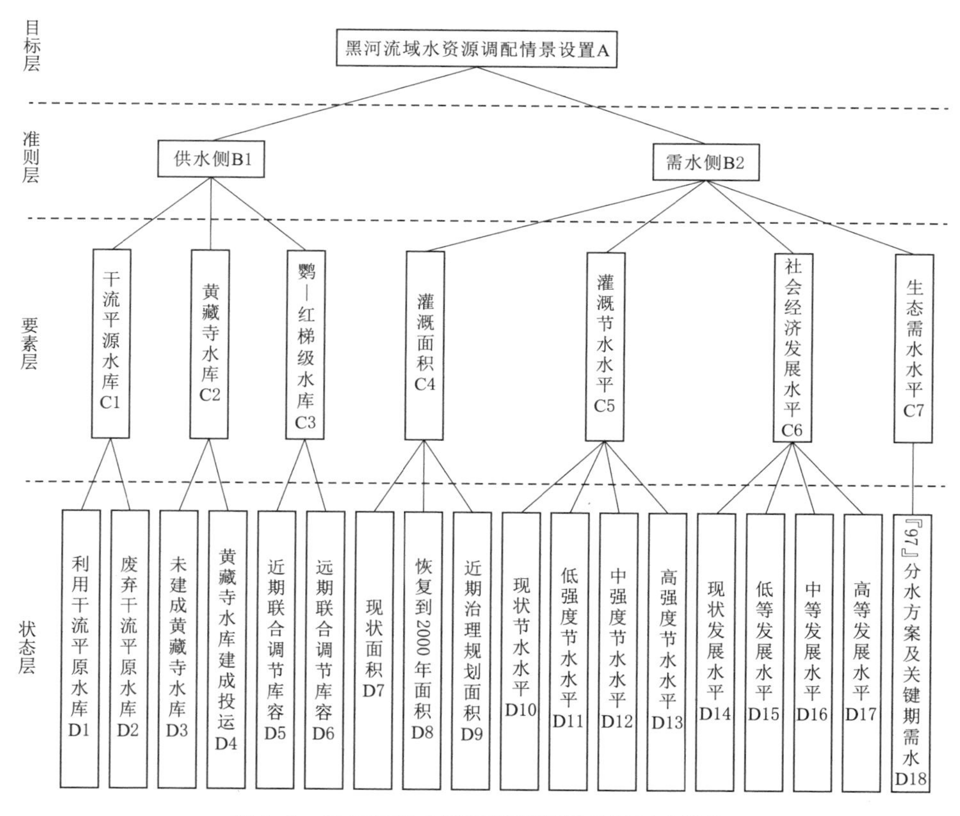

图6.1 黑河流域水资源调配情景设置层次结构

（1）供水侧描述。

黄藏寺水库是黑河流域上游控制性水利工程，2016年4月正式开工，工程总工期58个月。在黄藏寺水库建成投运前，黑河流域研究区需要依靠平原水库从干流补水来满足区内各灌区灌溉用水需求。截至2012年，研究区内从干流补水的平原水库有18座。梨园河灌区鹦—红梯级水库随着泥沙淤积，其联合调节库容逐渐减小，现状和近期联合调节库容为2679万m^3，远期联合调节库容为2394万m^3。

（2）需水侧描述。

黑河流域研究区现状，年灌溉面积为269.97万亩，2000年水平灌溉面积为240.48万亩，近期治理规划灌溉面积为219.48万亩。

生态需水水平设置一种情景，即保证正义峡多年平均下泄量达到“97”分水方案要求且满足狼心山断面下游关键期生态需水量。

灌溉节水水平主要体现在研究区平均灌溉水利用系数和平均农作物灌溉定额2个方面，社会经济发展水平主要体现在研究区平均居民生活用水定额、平均工业增长速度和平均万元增加值用水量3个方面，不同发展状态灌溉节水水平和社会经济发展水平见表6.1。

表6.1　不同发展状态灌溉节水水平和社会经济发展水平

发展状态	现状水平年	近期水平年			远期水平年		
		低	中	高	低	中	高
农作物灌溉定额/(m³/亩)	416	416	376	346	376	334	314
灌溉水利用系数	0.53	0.58	0.61	0.63	0.61	0.66	0.68
居民生活用水定额/[L/(人·d)]	81	88	88	88	92	92	92
工业增长速度/%	11	9	12	15	6	8	12
万元工业增加值用水量/m³	86	58	39	30	35	23	18

2. 水资源调配方案集及各方案需水

根据黑河流域水资源调配情景，现状水平年设置3个方案，近期和远期水平年各设置9个方案，不同水平年水资源调配方案见表6.2。

表6.2　黑河流域水资源调配方案集

水平年	方案编号	黑河流域水资源调配情景要素的状态组合																	
		D1	D2	D3	D4	D5	D6	D7	D8	D9	D10	D11	D12	D13	D14	D15	D16	D17	D18
现状	1	★		★		★		★			★				★				★
	2	★		★		★			★		★				★				★
	3	★		★		★				★	★				★				★
近期	4		★		★	★		★				★				★			★
	5		★		★	★		★					★				★		★
	6		★		★	★		★						★				★	★
	7		★		★	★			★			★				★			★
	8		★		★	★			★				★				★		★
	9		★		★	★			★					★				★	★
	10		★		★	★				★		★				★			★
	11		★		★	★				★			★				★		★
	12		★		★	★				★				★				★	★

续表

水平年	方案编号	黑河流域水资源调配情景要素的状态组合																	
		D1	D2	D3	D4	D5	D6	D7	D8	D9	D10	D11	D12	D13	D14	D15	D16	D17	D18
近期	13		★		★		★	★				★				★			★
	14		★		★		★	★					★				★		★
	15		★		★		★	★						★				★	★
	16		★		★		★		★			★				★			★
	17		★		★		★		★				★				★		★
	18		★		★		★		★					★				★	★
	19		★		★		★			★		★				★			★
	20		★		★		★			★			★				★		★
	21		★		★		★			★				★				★	★

注 ★表示该方案具备对应的情景要素。

（1）现状水平年不同方案需水。

方案1：灌溉总需水12.59亿m^3，居民生活和工业总需水1.28亿m^3。

方案2：灌溉总需水10.69亿m^3，居民生活和工业总需水1.28亿m^3。

方案3：灌溉总需水9.86亿m^3，居民生活和工业总需水1.28亿m^3。

（2）近期水平年不同方案需水。

方案4：灌溉总需水12.92亿m^3，居民生活和工业总需水1.66亿m^3。

方案5：灌溉总需水11.92亿m^3，居民生活和工业总需水1.46亿m^3。

方案6：灌溉总需水11.14亿m^3，居民生活和工业总需水1.41亿m^3。

方案7：灌溉总需水11.05亿m^3，居民生活和工业总需水1.66亿m^3。

方案8：灌溉总需水10.23亿m^3，居民生活和工业总需水1.46亿m^3。

方案9：灌溉总需水9.58亿m^3，居民生活和工业总需水1.41亿m^3。

方案10：灌溉总需水10.26亿m^3，居民生活和工业总需水1.66亿m^3。

方案11：灌溉总需水9.51亿m^3，居民生活和工业总需水1.46亿m^3。

方案12：灌溉总需水8.93亿m^3，居民生活和工业总需水1.41亿m^3。

（3）远期水平年不同方案需水。

方案13：灌溉总需水12.42亿m^3，居民生活和工业总需水1.49亿m^3。

方案14：灌溉总需水11.36亿m^3，居民生活和工业总需水1.38亿m^3。

方案15：灌溉总需水10.79亿m^3，居民生活和工业总需水1.77亿m^3。

方案16：灌溉总需水10.72亿m^3，居民生活和工业总需水1.49亿m^3。

方案17：灌溉总需水9.87亿m^3，居民生活和工业总需水1.38亿m^3。

方案18：灌溉总需水9.39亿m^3，居民生活和工业总需水1.77亿m^3。

方案19：灌溉总需水10.01亿m^3，居民生活和工业总需水1.49亿m^3。

方案20：灌溉总需水9.23亿m^3，居民生活和工业总需水1.38亿m^3。

方案21：灌溉总需水8.79亿m^3，居民生活和工业总需水1.77亿m^3。

6.2 黑河流域水资源调配综合评价体系

6.2.1 评价指标体系构建

1. 评价指标体系制定原则

黑河流域水资源调配评价指标体系的制定遵循4大原则：科学性、完备性、独立性和可操作性。科学性原则要求每个评价指标具有特定物理意义，对水资源调配具有指导作用；完备性原则要求评价指标体系能够从不同层面和角度综合反映水资源调配状态；独立性原则要求不同评价指标相互之间没有直接关联，每个评价指标都不能被其他评价指标代替；可操作性原则要求评价指标具有确定性且可量化，不能存在模糊性和随机性。

2. 评价指标体系构建

黑河流域水资源调配评价在不同分区关注的对象不同，在上游关注梯级水电站发电效益，在中游关注灌区不同用户（居民生活、工业和农业）需水保障程度和用水效果及中游地下水开采程度，在下游关注鼎新片区、东风场区和生态需水保障程度。因此，黑河流域水资源调配评价指标体系应当涵盖以上各对象的状态指标。根据评价指标体系制定原则，针对每个对象设置相应的评价指标。

（1）上游梯级水电站。

多年平均发电量和保证出力是衡量水电站发电效益的2个重要指标，而且2个指标都是越大越好。多年平均发电量是水电站在多年内每年发电量的平均值。保证出力是水电站在多年运行期间所能提供的具有一定保证率的电力，或相对于设计保证率的供水期平均出力。因此，利用这2个指标评价黑河上游梯级水电站发电效益。

（2）中游农业。

农业需水保障程度是指对农业需水总量和过程满足程度，可用灌溉保证率、多年平均缺水量、最大缺水深度和最长连续缺水时间来评价。根据黑河流域水资源调配模型要求，中游灌区灌溉需水按照上游天然来水进行打折，能够满足旱区50%灌溉保证率的要求，且最大缺水深度和最长连续缺水时间也是确定的。因此，中游农业需水保障程度用灌溉多年平均缺水量来评价。灌溉多年平均缺水量越大，中游农业需水保障程度越差。

农业用水效果是指农业利用水资源过程中产生的效益和消耗的成本，可用单方水农业产值、灌溉面积、灌溉水利用系数和灌溉定额指标进行评价。单方水农业产值是单位水量贡献的农业经济产值，虽然是农业用水效果的一个重要指标，但不易获得指标数值。灌溉面积能够反映农业潜在的用水效益，灌溉面积越大，农业潜在用水效益也越大。灌溉水利用系数是指一次灌水期间被农作物利用的净水量与水源渠首处总引水量的比值，该指标越大表明农业用水成本越低。灌溉定额是指农作物或林草在种植前及生育期内各次灌水定额之和，灌溉定额越小，表明农业用水成本越低。因此，采用灌溉面积、灌溉水利用系数和灌溉定额3个指标评价黑河中游农业用水效果。此外，黑河中游林草灌溉定额是固定的（均值为281m^3/亩），需要农作物灌溉定额代替灌溉定额。

（3）中游居民生活和工业。

居民生活和工业需水保障程度是指对居民生活和工业需水总量和过程满足程度，同样可用需水保证率、多年平均缺水量、最大缺水深度和最长连续缺水时间来评价。根据黑河流域水资源调配模型，中游居民生活和工业需水根据上游天然来水打折，并全部由地下水供应。因此，中游居民生活和工业供水保证率、最大缺水深度和最长连续缺水时间是确定的，只能采用多年平均缺水量来评价中游居民生活和工业需水保障程度。居民生活和工业多年平均缺水量越大，中游居民生活和工业需水保障程度越低。

居民生活和工业用水效果是指居民生活和工业利用水资源过程中产生的效益和消耗的成本，可用居民生活用水定额、万元工业增加值用水量和工业增长速度进行评价。居民生活用水定额反映了水资源的社会效益，定额越高，居民生活用水满意度越高，但该指标在黑河中游同一水平年保持稳定，对评价同一水平年水资源调配方案没有贡献。万元工业增加值用水量是工业用水量与工业增加值的比值，该指标越大表明工业用水成本越低。工业增长速度代表了一定水资源量支撑的工业发展速度，间接体现了工业用水效益。因此，采用万元增加值用水量和工业增长速度2个指标评价中游居民生活和工业用水效果。

（4）中游地下水开采程度。

黑河流域中游地下水超采现象比较突出，部分灌区地下水埋深不断增加，容易造成区域天然植被退化和土地荒漠化后果。因此，本书设置地下水多年平均开采程度、地下水最大超采量和地下水超采最长持续时间3个指标评价中游地下水开采程度。其中，地下水多年平均开采程度越接近于1越好，其他两个地下水评价指标越小越好。

（5）鼎新片区和东风场区需水保障程度。

鼎新片区和东风场区多年平均需水量都是固定的，两者需水保障程度都用多年平均取水量来评价。鼎新片区取水量越接近于 9000 万 m^3 越好，而东风场区取水量越接近于 6000 万 m^3 越好。

（6）下游生态需水保障程度。

下游生态需水保障程度体现在正义峡断面多年平均下泄水量和狼心山断面关键期下泄水量两个方面。因此，评价下游生态需水保障程度采用 4 个指标：正义峡多年平均下泄量、狼心山关键期多年平均下泄水量、狼心山关键期最大缺水深度和狼心山关键期缺水最长持续时间。

综上所述，本书筛选出 18 个黑河流域水资源调配方案评价指标，建立评价指标体系见表 6.3。在筛选的 18 个指标中，灌溉面积 D_3、农作物灌溉定额 D_4、灌溉水利用系数 D_5、工业增长速度 D_8 和万元工业增加值用水量 D_9 属于预定指标，可根据不同水平年规划结果确定；其他指标都属于待定指标，需要通过水资源优化调配计算确定。

表 6.3　黑河流域水资源调配方案评价指标体系

评价目标	评价区域	评价对象	评价指标	指标单位
黑河流域水资源调配方案评价 A	黑河上游 B_1	梯级水电站 C_1	梯级水电站多年平均发电量 D_1	亿 kW·h
			梯级水电站保证出力 D_2	MW
	黑河中游 B_2	农业 C_2	灌溉面积 D_3	万亩
			农作物灌溉定额 D_4	m^3/亩
			灌溉水利用系数 D_5	无量纲
			灌溉多年平均缺水量 D_6	万 m^3
		居民生活和工业 C_3	居民生活和工业多年平均缺水量 D_7	L/(人·d)
			工业增长速度 D_8	%
			万元工业增加值用水量 D_9	万 m^3
		地下水 C_4	地下水多年平均开采程度 D_{10}	无量纲
			地下水最大超采量 D_{11}	万 m^3
			地下水超采最长持续时间 D_{12}	年
	黑河下游 B_3	鼎新和东风 C_5	鼎新多年平均取水量 D_{13}	万 m^3
			东风多年平均取水量 D_{14}	万 m^3
		生态 C_6	正义峡多年平均下泄水量 D_{15}	万 m^3
			狼心山关键期多年平均下泄水量 D_{16}	万 m^3
			狼心山关键期最大缺水深度 D_{17}	%
			狼心山关键期缺水最长持续时间 D_{18}	年

注　表中字母和下标数字表示对象编码。

6.2.2 评价指标体系应用

1. 指标数值归一化

评价指标具有越大越优（type1）、越小越优（type2）和适度（type3）三种优化方向。为消除指标优化方向和量纲差异，对指标进行如下归一化处理。

$$y_{ij}=\begin{cases}[x_{ij}-\min(x_{ij})]/[\max(x_{ij})-\min(x_{ij})],x_{ij}\in \text{type1};\\ [\max(x_{ij})-x_{ij}]/[\max(x_{ij})-\min(x_{ij})],x_{ij}\in \text{type2};\\ [\max(|\Delta x_{ij}|)-|\Delta x_{ij}|]/[\max(|\Delta x_{ij}|)-\min(|\Delta x_{ij}|)],x_{ij}\in \text{type3}.\end{cases}\tag{6.1}$$

式中：x_{ij} 为方案 $j(j=1,\cdots,n)$ 指标 $i(i=1,\cdots,m)$ 的原始值；Δx_{ij} 为指标 i 的原始值与适中值的差值。

在黑河水资源调配 18 个评价指标中，梯级水电站多年平均发电量（D_1）、梯级水电站保证出力（D_2）、灌溉面积（D_3）、灌溉水利用系数（D_5）、工业增长速度（D_8）、正义峡多年平均下泄水量（D_{15}）和狼心山关键期多年平均下泄水量（D_{16}）都属于 type1，地下水多年平均开采程度（D_{10}）、鼎新多年平均取水量（D_{13}）和东风多年平均取水量（D_{14}）属于 type3，其他指标都属于 type2。

2. 指标权重计算

评价指标权重表征该指标相对其他指标的重要程度，直接影响实践方案的综合评价结果。从哲学的角度讲，指标权重是一个对立统一的概念，既反映主体对客体属性的重视程度，也体现客体属性对主体的影响程度。只有当主体对客体属性重视程度与客体对主体影响程度相统一时，主体才能按照客观规律发挥主观能动性，在实践中成功，否则就会遭遇挫折甚至失败。

指标赋权方法有三种类型，分别是主观赋权法、客观赋权法和主客观综合赋权法。主观赋权法能够体现主体的意志和偏好，具有很大的随意性，包括德菲尔法、AHP 法等；客观赋权法具有较强的数学理论依据，能够减少主体决策的任意程度，却不能反映主体的偏好和意愿，也未必完全体现出客体属性对主体的影响程度，主要有熵权法、最大离差法等；主客观综合赋权法兼顾了主观赋权法和客观赋权法的优点，是目前评价问题常采用的赋权方法[94-95]。本书分别利用 AHP 法和熵权法分别确定指标主观权重和客观权重，通过主客观综合赋权法将主观权重和客观权重统一形成综合权重。

(1) AHP 法。

根据评价问题实际情况，从目标层到指标层自上而下建立层次分析结构；利用 9 级标度法[57] 确定同层要素相对重要程度，构造判断矩阵；确定下层要素对于上层要素相对重要程度的排序权重，检验各判断矩阵的一致性；确定各层要素相对目标层要素的相对重要程度，检验各判断矩阵一致性。一致性检验模型[96] 如下：

$$\min CIF(n)=\frac{\sum_{i=1}^{n}\left|\sum_{j=1}^{n}[f(i,j)w_j]-nw_i\right|}{n} \tag{6.2}$$

式中：$CIF(n)$ 为一致性指标函数；n 为同层要素个数；$f(i, j)$ 为同层中第 i 要素相对第 j 要素的重要程度；$w_j(w_j>0, j=1,\cdots,n)$ 为第 j 单排序权值变量，同层中所有要素单排序权值变量之和为1。

当 $CIF(n)$ 小于0.1时，认为判断矩阵具有一致性。当所有构造矩阵都满足一致性要求时，计算指标层各要素总排序权值。

（2）熵权法。

熵权法认为在评价指标体系中，指标的信息熵越小，提供的信息量就越多，在综合评价中贡献越突出，因而也应被赋予越大的权重。熵权法考虑了指标体系的内在特点，不受评价主体的主观影响，摆脱了指标权重赋值的任意性，是一种很好的客观赋权法。熵权法主要公式如下[97]：

$$g_{ij}=\frac{y_{ij}}{\sum_{j=1}^{n}y_{ij}} \tag{6.3}$$

$$ENT_i=-\frac{1}{\ln n}\left[\sum_{j=1}^{n}g_{ij}\ln g_{ij}\right] \tag{6.4}$$

$$w_i=\frac{\sum_{k=1}^{m}ENT_k+1-2ENT_i}{\sum_{l=1}^{m}\left(\sum_{k=1}^{m}ENT_k+1-2ENT_l\right)} \tag{6.5}$$

式中：y_{ij} 为方案 $j(j=1,\cdots,n)$ 指标 $i(i=1,\cdots,m)$ 的归一化值；ENT_i 为 i 指标的熵值，$0\leqslant ENT_i\leqslant 1$，若 $g_{ij}=0$，则规定 $g_{ij}\ln g_{ij}=0$；w_i 为指标 i 的熵权。

（3）主客观综合赋权法[98]。

设层次分析法确定的指标主观权重为 W^{sub}，熵权法确定的指标客观权重为 W^{obj}，则指标综合权重 W^{int} 计算如下：

$$\alpha=\sum_{j=1}^{m}\sum_{i=1}^{n}W_i^{\text{sub}}y_{ij}/\left(\sum_{j=1}^{m}\sum_{i=1}^{n}W_i^{\text{sub}}y_{ij}+\sum_{j=1}^{m}\sum_{i=1}^{n}W_i^{\text{obs}}y_{ij}\right) \tag{6.6}$$

$$W^{\text{int}}=\alpha W^{\text{sub}}+(1-\alpha)W^{\text{obs}} \tag{6.7}$$

式中：α 为主观权重分配系数。

3. 综合评价方法

评价指标体系中各项指标都属于单项评价指标，每个单项评价指标只能从某一角度或某一方面体现评价对象的局部特征，却不能反映评价对象的整体状况。因此，有必要将各单项评价指标合理组织起来，形成包含不同角度和方面的综合评价指标，表达通式如下：

$$R=f(W,Y) \tag{6.8}$$

式中：R 为 m 个单项评价指标构成的综合评价指标；f 为单项评价指标到综合评价指标的映射；W 为单项评价指标的权重向量，$W=(w_1,\cdots,w_m)$，$w_i(i=1,\cdots,m)$ 为指标 i 的权重；Y 为评价指标的归一化向量，$Y=(y_1,\cdots,y_m)^T$，$y_i(i=1,\cdots,m)$ 为指标 i 的归一化值。

（1）TOPSIS 法。

TOPSIS 法的基本原理是一种逼近理想解的排序方法，适用于多目标复杂系统的决策分析[99]。确定正理想解和负理想解，定义各评价目标与正、负理想解的距离，计算获得各方案与正理想解的贴近度，并按贴近度大小进行排序，以此作为评价方案优劣的依据。TOPSIS 法的综合评价指标：

$$R_j=\frac{D_j^-}{D_j^++D_j^-} \tag{6.9}$$

$$\begin{cases} D_j^+=\sqrt{\sum_{i=1}^{m}[w_i(y_i^+-y_{ij})]^2} \\ D_j^-=\sqrt{\sum_{i=1}^{m}[w_i(y_i^--y_{ij})]^2} \end{cases} \tag{6.10}$$

式中：R_j 为方案 j 与正理想解的相对贴近度，越大方案越优；y_i^+ 和 y_i^- 分别为指标 i 的最优值和最劣值；D_i^+ 和 D_i^- 分别为方案 j 与正理想解和负理想解的距离。

（2）均衡优化分析法。

均衡和优化是系统可持续发展的理想状态，也是系统科学一直研究的重要问题之一[100-101]。均衡反映出系统各项功能或属性协调稳定的状态，要求不同功能或属性的优化程度相当；优化代表了系统各项功能或属性健康发展的方向，要求不同功能或属性达到各自最大优化程度。系统均衡和优化原理是，当外界环境和资源供给稳定时，系统逐渐达到均衡状态，保持系统既有的优化程度；当外界环境和资源供给变动时，系统通过优化打破原来的均衡状态，以适应变化的环境和资源供给形势，再次形成新的均衡状态；若外界环境和资源供给剧烈变化，系统无论怎样优化都无法适应这种变化，则系统会陷入紊乱状态甚至逐渐消亡。

本书根据系统优化与均衡原理，提出了均衡优化分析方法，该方法从系统不同属性或功能的优化程度和均衡程度出发，分析系统在特定外界环境和资源供给条件下的可持续发展状态。具体而言，假设某系统具有 m 项功能或属性，将其各项功能和属性量化为 $y_i(0\leqslant y_i\leqslant 1,i=1,\cdots,m)$，$y_i$ 对维持系统可持续发展的贡献权重为 $w_i(0\leqslant w_i\leqslant 1$ 且 $\sum w_i=1)$，y_i 越大越有利于系统可持续发展，

w_i 越大表明该属性对维持系统可持续发展的贡献越大。若该系统要完全适应给定的外界环境和资源供给约束，则 y_i 应达到理想状态值 y_i^*。

功能或属性 i 的优化程度 $h_i(0\leqslant h_i\leqslant 1)$：

$$h_i=\frac{y_i}{y_i^*} \tag{6.11}$$

系统优化程度 $\varphi(0\leqslant\varphi\leqslant 1)$：

$$\varphi=\sum_{i=1}^{m}w_ih_i \tag{6.12}$$

式中：φ 越大，系统功能或属性综合优化程度越高。

系统各项功能或属性的优化程度差异程度 D：

$$D=\frac{2}{m^2h_{\max}}\sum_{i=1}^{m}\sum_{k=1}^{m}|h_i-h_k| \tag{6.13}$$

在式（6.12）中，$h_{\max}$ 为系统单项功能或属性的最大优化程度，$h_{\max}=\max\{h_i|i=1-m\}$，数学上可以证明：$0\leqslant D\leqslant 1$。

根据系统均衡状态要求，D 越小越好。因此，构建系统均衡度 $\psi(0\leqslant\psi\leqslant 1)$ 如下：

$$\psi=1-\frac{2}{m^2h_{\max}}\sum_{i=1}^{m}\sum_{k=1}^{m}|h_i-h_k| \tag{6.14}$$

式中：ψ 越大，系统各项功能或属性协调程度越高。

为考察系统优化和均衡的综合程度，构建均衡优化度 $EOD(0\leqslant EOD\leqslant 1)$ 如下：

$$EOD=\sqrt{(\varphi^2+\psi^2)/2} \tag{6.15}$$

式中：EOD 为均衡优化分析法的综合评价指标，其值越大，越有利于系统可持续发展。

均衡优化分析方法可用于评价方案的优劣程度，其优点在于综合考虑了方案指标向量中各单项指标的优化度以及不同单项指标之间的均衡度。若一个方案是合理的，则其每个单项指标应是最优的，且不同单项指标之间也应保持均衡。因此，方案指标向量的均衡优化度越高，表明方案越优。

（3）灰色关联分析法。

信息不完全系统中的两个因素在随时间或其他对象变化时具有一定关联性，灰色关联度就是对这种关联性的量度。灰色关联分析法通过计算两个因素之间的灰色关联度，确定两个因素变化过程的相似度或相异度[102]。因此，利用灰色关联分析法计算不同方案指标向量与参考指标向量的灰色关联度，根据灰色关联度评价不同方案的优劣程度。灰色关联分析法的综合评价指标：

$$R_j = \sum_{i=1}^{m} w_i \gamma(y_{i,0}, y_{ij}) \tag{6.16}$$

$$\gamma(y_{i,0}, y_{ij}) = \frac{\min\limits_{l=1\sim m}[\min\limits_{k=1\sim n}(y_{l,0}-y_{lk})] + 0.5\max\limits_{l=1\sim m}[\max\limits_{k=1\sim n}(y_{l,0}-y_{lk})]}{y_{i,0}-y_{ij}+0.5\max\limits_{l=1\sim m}[\max\limits_{k=1\sim n}(y_{l,0}-y_{lk})]} \tag{6.17}$$

式中：R_j 为方案 j 的关联度，越大方案越优；$\gamma(y_{i,0}, y_{ij})$ 为方案 j 指标 i 的关联系数；$y_{i,0}$ 为指标 i 的参考值。

（4）非负矩阵分解法。

非负矩阵分解法对方案指标矩阵进行非负分解，产生基向量和权向量[103]。其中，基向量表示方案指标向量的公度向量；权向量中的权值表征方案指标向量的大小，能够反映不同方案的优劣程度。该方法的优点在于，通过分解降维方式提取方案指标矩阵的主要特征信息，降低了指标权重产生的不利影响，评价相对客观，结果比较可靠。非负矩阵分解法的综合评价指标：

$$R_j = \frac{\sum\limits_{i=1}^{m} w_i y_{ij} v_i}{\sum\limits_{i=1}^{m} v_i^2} \tag{6.18}$$

式中：R_j 为方案 j 的权值，越大方案越优；v_i 为最优基向量的 i 元素值。

求解最优基向量的模型如下：

$$\min f = \sum_{i=1}^{m}\sum_{j=1}^{n}(w_i y_{ij} - v_i R_j)^2 \tag{6.19}$$

$$v_i = \frac{\sum\limits_{j=1}^{n} w_i y_{ij} R_j}{\sum\limits_{j=1}^{n} R_j^2} \tag{6.20}$$

$$\sum_{i=1}^{m} v_i^2 = 1 \tag{6.21}$$

式中：f 为方案指标矩阵非负分解的偏差平方和。

（5）投影寻踪法。

投影寻踪基本思想是把高维数据投影到低维空间，寻找能够反映高维数据结构或特征的投影，从而获取高维数据中隐含的特征信息[104]。利用投影寻踪法对水资源调配方案进行评价的原理是，对方案指标向量统一在某一方向上投影，使得不同方案指标向量的投影值分团聚集，即投影值的团内部尽可能密度大而不同投影值的团尽可能散开。投影寻踪法的综合评价指标：

$$R_j = \sum_{i=1}^{m} a_i (w_i y_{ij}) \tag{6.22}$$

式中：R_j 为方案 j 的投影值，越大方案越优；a_i 为最佳投影方向 a 的 i 分坐标。

求解最佳投影方向的模型如下：

$$\max Q(a)=S_R D_R \tag{6.23}$$

$$S_R=\sqrt{\frac{\sum_{j=1}^{n}(R_j-E_R)^2}{n-1}} \tag{6.24}$$

$$D_R=\sum_{k=1}^{n}\sum_{l=1}^{n}(0.1S_R-|R_k-R_l|)u \tag{6.25}$$

$$u=\begin{cases}1, 0.1S_R-|R_i-R_j|\geqslant 0\\0, 0.1S_R-|R_i-R_j|<0\end{cases} \tag{6.26}$$

$$\sum_{i=1}^{m}a_i^2=1 \tag{6.27}$$

式中：$Q(a)$ 为投影指标函数；E_R 为方案集投影值均值；S_R 为方案集投影值标准差；D_R 为方案集投影值局部密度；u 为一单位阶跃函数。

（6）多方法联合评价模式。

上述5种评价方法尽管都能对黑河流域水资源调配方案做出评价，但各方法的评价角度不同，可能产生不一致的评价结果。为此，本书分别利用5种方法对水资源调配方案进行评价，根据序号总和理论[57]将各评价方法得到的方案排序相加，排序总和越小的方案越优。

$$num_i=\frac{1}{n}\sum_{j=1}^{n}num_{ij} \tag{6.28}$$

式中：num_i 为第 i 方案的最终排序；n 为评价方法数量；num_{ij} 为第 j 评价方法对第 i 方案的评价排序。

上述多方法联合评价模式可以兼顾不同方法的评价结果，所得方案综合排序比单一方法的方案排序更为可靠。

6.3 本章小结

本章按照流域发展可持续性、经济技术可行性等原则和《黑河流域近期治理规划》《黑河流域水资源开发利用保护计划》等依据，从不同水平年水资源调配情景出发，建立了由21个方案组成的方案集。根据科学性、完备性等原则，结合黑河流域实际情况，筛选出18个评价指标，构建了方案评价指标体系。利用层次分析法和熵权法分别计算评价指标的主观权重和客观权重，通过主客观综合赋权法确定评价指标的综合权重。综合TOPSIS法、均衡优化分析法、灰色关联分析法、非负矩阵分解法和投影寻踪法，结合序号总和理论建立了水资源调配方案的多方法联合评价模式。

第 7 章

黑河流域水资源调配方案计算与评价

7.1 黑河流域水资源调配模型参数及合理性

7.1.1 模型参数率定

黑河流域水资源调配模型参数包括灌区最大允许开采埋深 $h_{g,D}$、降水入渗补给系数 α，渠系水利用系数 η_q、田间水利用系数 η_t，田间入渗补给系数 β，渠系渗漏比例系数 m_r，给水度 μ，导水系数 T_g，垂向渗透系数 K_V，潜水流坡宽积 d_g，潜水流宽长比 e_g，潜水蒸发经验常数 z 和潜水蒸发极限埋深 h_g^{max}。为了提高黑河流域水资源调配模型运行效率，本书将上述各参数分为预定参数和待定参数。预定参数是指在给定范围内可直接确定数值的参数，包括 $h_{g,D}$、α、η_q、η_t、β、m_r、K_V、z 和 h_g^{max}。待定参数是指在给定范围内通过优化计算才可获得数值的参数，包括 μ、T_g、d_g 和 e_g。

（1）最大允许开采埋深 $h_{g,D}$。

最大允许开采埋深是这样一种埋深，当灌区地下水埋深大于该埋深时，灌区若继续开采地下水则认为超采地下水。最大允许开采埋深与灌区生态健康水平、地下水自然特性和地下水开采方式等因素有关，目前还没有合理的计算方法。本书将中游各灌区历史（2005—2012 年）实测最低地下水位与灌区地表高程的差值作为各灌区的最大允许开采埋深。

（2）降水入渗补给系数 α。

降水入渗补给系数是指特定区域在一定时段内补给地下水的降水量和地表降水量的比值，该系数受降水量、岩性、地下水埋深及包气带含水量等因素影响。综合考虑黑河流域中游年降水量、岩性和地下水埋深等因素，参考水利电力部水文局[105] 和甘肃省地勘局水文二队[106] 提供的年降水入渗补给系数，将黑河中游灌区旬降水入渗补给系数范围定为 0.1～0.2。

（3）渠系水利用系数 η_q 和田间水利用系数 η_t。

渠系水利用系数是渠系末端进入田间的水量与渠首取水量的比值，该系数与渠系长度和衬砌情况等因素有关。田间水利用系数是指被农作物或林草利用的水量与进入田间的水量的比值，该系数与农作物类型、土壤类型等因素有关。渠系水利用系数与田间水利用系数的乘积为灌溉水利用系数。在现状水平年，黑河中游灌区渠系水利用系数范围为0.52～0.61，田间水利用系数范围为0.9～0.92，灌溉水利用系数为0.47～0.56。

（4）田间入渗补给系数β。

田间入渗补给系数是指补给灌区地下水的灌溉水量与净灌溉水量的比值，该系数与地下水埋深、灌水定额和岩性等因素有关。综合考虑黑河中游实际情况，参考水利电力部水文局[105] 和张光辉等[107] 研究结果的田间水渗漏补给系数经验值，将黑河流域中游田间水渗漏补给系数范围定为0.28～0.46。

（5）渠系渗漏补给系数m_r。

渠系渗漏补给系数是指补给地下水的渠系水量与渠首取水量的比值，与区域气候、渠系衬砌和渠床下岩性等因素有关。渠系渗漏补给系数与渠系水利用系数此消彼长，本书采用渠系渗漏比例系数代替渠系渗漏补给系数，其中渠系渗漏比例系数是指补给地下水的渠系水量与渠系输水损失量的比值。结合黑河流域中游灌区实测数据，将渠系渗漏比例系数范围定为0.4～0.6。

（6）给水度μ和导水系数T_g。

给水度是饱和地下含水层在重力作用下排出的最大水体积与地下含水层体积的比值。本书采用张光辉等[107] 研究结果中给定的黑河流域中游灌区给水度范围0.1～0.35和导水系数范围300～6500m^2/d。

（7）垂向渗透系数K_V。

垂向渗透系数是指地表水在垂向上流经包气带到达潜水面的速度。根据高艳红等人研究结果[108]，黑河流域中游灌区单元垂向渗透系数定为0.65m/d。

（8）潜水流坡宽积d_g和潜水流宽长比e_g。

根据黑河流域中游相邻单元地表接触边界长度及单元形心距离，灌区外到灌区单元的潜水流坡宽积范围定为0.5～30m，相邻单元的潜水流宽长比范围定为0.1～20。

（9）潜水蒸发经验常数z和极限埋深h_g^{max}。

考虑到黑河流域中游主要农作物类型（小麦和玉米）及主要土壤类型（壤土），结合罗玉峰等人研究结果[109]，潜水蒸发经验常数定为2.6。根据甘肃省地质局水文二队观测数据[23]，黑河流域中游潜水蒸发极限埋深定为5m。

除了K_V、z和h_g^{max}在中游各灌区为相同定值以外，不同灌区其他预定参数见表7.1。

表 7.1　　中游各灌区部分预定参数具体数值

灌区名称	$h_{g,D}$/m	α	η_q	η_t	β	m_r
上三	154.6	0.10	0.52	0.92	0.29	0.40
大满	20.1	0.12	0.58	0.92	0.40	0.44
盈科	16.3	0.13	0.58	0.92	0.41	0.47
西浚	10.5	0.16	0.58	0.92	0.44	0.52
梨园河	2.7	0.19	0.61	0.91	0.46	0.58
沙河	35.1	0.10	0.60	0.91	0.34	0.40
板桥	11.8	0.15	0.52	0.91	0.43	0.51
鸭暖	4.1	0.18	0.54	0.91	0.46	0.57
平川	5.2	0.18	0.58	0.91	0.46	0.56
蓼泉	4.4	0.18	0.57	0.91	0.46	0.56
六坝	3.6	0.19	0.60	0.90	0.46	0.57
友联	11.1	0.16	0.58	0.90	0.43	0.51
罗城	3.2	0.19	0.60	0.91	0.46	0.57

注　η_q 和 η_t 都为现状水平年数据，近期和远期水平年的 η_q 和 η_t 按平均灌溉水利用系数等比例放大；同名不同编号子灌区单元的预定参数相同。

根据黑河流域水资源调配模型中游地下水模块，利用中游各灌区历史 3 年（2000 年、2010 年和 2012 年）平均取用水资料、多年平均降水量、多年平均水面蒸发量和预定参数，建立目标函数优化计算待定参数。

目标函数如下：

$$\min f=\sum_{i=1}^{m}(WI_i^{gq}-WO_i^{gq})^2+(W_r^{gq}-2.7)^2+(W_{gq}^{r}-6.1)^2+(W_{jw}^{gq}-1.4)^2 \tag{7.1}$$

式中：m 为灌区单元数量，包括子灌区单元，$m=23$；WI_i^{gq} 和 WO_i^{gq} 分别为第 i 灌区单元的水量入项和出项，亿 m^3；W_r^{gq} 为莺高河段地表水补给相应灌区地下水的总水量，亿 m^3；W_{gq}^{r} 为灌区单元地下水补给高平河段和平正河段地表水的总水量，亿 m^3；W_{jw}^{gq} 为灌区外地下水补给研究区相应灌区单元地下水的总水量，亿 m^3。

通过优化计算得到待定参数数值（μ、T_g、d_g 和 e_g），见表 7.2～表 7.5。

表 7.2　　中游灌区单元给水度优化值

灌区单元	μ	灌区单元	μ	灌区单元	μ	灌区单元	μ
上三	0.31	西浚 1	0.11	鸭暖 1	0.10	六坝	0.30
大满	0.12	西浚 2	0.13	鸭暖 2	0.19	友联 1	0.12

续表

灌区单元	μ	灌区单元	μ	灌区单元	μ	灌区单元	μ
盈科 1	0.35	梨园河 1	0.32	平川 1	0.30	友联 2	0.13
盈科 4	0.21	梨园河 2	0.10	平川 2	0.30	罗城 1	0.23
盈科 2	0.15	沙河	0.28	蓼泉 1	0.23	罗城 2	0.32
盈科 3	0.12	板桥	0.26	蓼泉 2	0.12		

表 7.3　灌区外到灌区单元的潜水流坡宽积和导水系数优化值

灌区外—灌区单元	d_g/m	T_g/(m^2/d)	灌区外—灌区单元	d_g/m	T_g/(m^2/d)
灌区外—上三	5.7	3291	灌区外—平川 1	6.9	3551
灌区外—大满	16.7	855	灌区外—平川 2	14.6	5002
灌区外—盈科 4	4.9	2044	灌区外—六坝	3.3	4997
灌区外—西浚 1	1.3	828	灌区外—友联 1	11.0	2741
灌区外—梨园河 1	26.4	3370	灌区外—友联 2	3.6	2829
灌区外—梨园河 2	0.5	1036	灌区外—罗城 1	4.7	4084
灌区外—板桥	10.0	3064	灌区外—罗城 2	10.5	5252

表 7.4　灌区单元与河道的潜水流宽长比和导水系数优化值

灌区单元—河道	e_g	T_g/(m^2/d)	灌区单元—河道	e_g	T_g/(m^2/d)
上三—河道	2.0	3088	平川 1—河道	0.1	5181
大满—河道	14.0	702	平川 2—河道	16.2	3441
盈科 1—河道	0.8	3536	蓼泉 1—河道	5.7	4195
盈科 4—河道	1.1	2114	蓼泉 2—河道	6.9	882
盈科 2—河道	14.0	1066	六坝—河道	1.6	3437
盈科 3—河道	4.2	2681	友联 1—河道	17.4	932
西浚 1—河道	16.9	675	友联 2—河道	0.4	1029
板桥—河道	21.3	4640	罗城 1—河道	17.4	2423
鸭暖 2—河道	16.7	3688	罗城 2—河道	22.2	3719

表 7.5　相邻灌区单元的潜水流宽长比和导水系数优化值

相邻灌区单元	e_g	T_g/(m^2/d)	相邻灌区单元	e_g	T_g/(m^2/d)
上三—大满	15.0	3151	梨园河 2—鸭暖 1	17.8	307
大满—盈科 1	4.8	3608	梨园河 2—蓼泉 2	13.4	529
大满—盈科 4	7.8	1904	梨园河 2—友联 1	0.7	574
盈科 1—盈科 4	0.2	4796	沙河—鸭暖 2	0.2	3675

续表

相邻灌区单元	e_g	$T_g/(m^2/d)$	相邻灌区单元	e_g	$T_g/(m^2/d)$
盈科 2—盈科 3	8.7	1150	鸭暖 1—蓼泉 1	5.0	1933
盈科 4—板桥	2.7	3731	鸭暖 1—鸭暖 2	14.3	1477
盈科 3—鸭暖 2	15.6	1747	板桥—平川 1	4.2	4857
西浚 1—西浚 2	9.4	900	平川 1—平川 2	7.2	5350
西浚 1—梨园河 1	0.1	3203	蓼泉 1—蓼泉 2	8.1	2155
西浚 2—盈科 2	10.2	1299	蓼泉 2—友联 1	13.8	789
西浚 2—盈科 3	8.6	989	平川 2—六坝	0.5	5352
西浚 2—沙河	15.5	2918	六坝—友联 2	1.8	3179
西浚 2—鸭暖 2	3.5	1896	友联 1—罗城 2	0.4	3345
梨园河 1—沙河	0.6	5221	友联 2—罗城 1	4.6	2266
梨园河 2—沙河	1.5	2505			

7.1.2 模型合理性分析

在无黄藏寺水库参与和河道不闭口条件下，利用现状水平年需水资料和历史降水、水面蒸发和径流资料，将地下水水文地质参数值代入黑河流域水资源调配模型，从流域水量和中游地下水位两个角度分析模型合理性。

（1）流域水量分析。

中游灌区地下水和河段水量平衡分析结果见表 7.6 和表 7.7。

表 7.6　中游灌区地下水平衡分析结果　单位：万 m^3

灌区	地下取水量	潜水蒸发量	入渗补给量	与其他灌区交换量	河道补给量	灌区外补给量	调配期始末变化量	水量误差
上三	1392	0	2559	−8182	6285	690	−40	0
大满	6111	0	12141	−16645	10072	522	−21	0
盈科	12397	0	12942	−2895	1915	367	−69	0
西浚	9066	0	12189	−10344	7186	40	5	0
梨园河	4730	2765	12168	−7959	0	3274	−12	0
沙河	2304	0	2572	−266	0	0	2	0
板桥	1251	0	3397	10282	−13556	1118	−10	0
鸭暖	1111	33	3009	6147	−8012	0	0	0
平川	1386	0	3370	2864	−8417	3553	−15	0
廖泉	1441	66	3075	4170	−5739	0	0	0
六坝	835	31	1326	6	−1068	595	−7	0

续表

灌区	地下取水量	潜水蒸发量	入渗补给量	与其他灌区交换量	河道补给量	灌区外补给量	调配期始末变化量	水量误差
友联	10851	0	13883	5514	−10023	1475	−2	0
罗城	2109	361	3423	7202	−10882	2725	−1	0
合计	54982	3256	86055	−10107	−32237	14359	−170	0

注 灌区地下水量误差=入渗补给量+与其他灌区交换量+河道补给量+灌区外补给量−地下取水量−潜水蒸发量。

表7.7 中游不同河段水量平衡分析结果 单位：万 m^3

河段	上断面水量	下断面水量	区间来水量	灌区补给量	降雨蒸发差量	河段引水量	水量误差
莺高	161599	57473	0	−27742	−61	76323	0
高平	57473	67863	4617	27169	−70	21326	0
平正	67863	73750	0	32810	−187	26736	0
合计	286934	199086	4617	32237	−318	124385	0

注 河段水量误差=上断面水量+区间来水量+灌区补给量+降水蒸发差量−下断面水量−河段引水量。

由表7.6和表7.7得出：①中游不同灌区地下水和各河段水量都满足水量平衡要求；②莺高河段地表水补给灌区地下水2.8亿 m^3，灌区地下水补给高平和平正河段地表水6.0亿 m^3，灌区外地下水补给灌区地下水1.4亿 m^3，与黄委会估算结果基本一致。此外，正义峡至狼心山河段扣除鼎新片区和东风场区取水量后的多年平均损失水量为2.6亿 m^3，与《黑河流域地表水与地下水转换关系研究》估算的2亿～3亿 m^3 吻合。

在不实施河道闭口措施下，中游地表取水量达到12.4亿 m^3，地下水开采量为5.5亿 m^3（可开量4.8亿 m^3），正义峡断面多年平均下泄水量7.4亿 m^3（“97”分水方案要求9.9亿 m^3），狼心山断面生态关键期平均下泄水量为0.3亿 m^3（关键期要求1.88亿 m^3）。因此，在现状工程和需水条件下，中游地下水超采严重，下游生态供水短缺严重，中游灌区与下游生态需水矛盾突出，不采取河道闭口措施根本无法保证下游生态供水量，符合黑河流域水资源利用实际情况。

(2) 中游地下水位分析。

黑河流域中游各灌区年均地下水位模拟过程如图7.1和图7.2所示。从这两幅图可以看出，中游各灌区地下水位变化趋势基本一致。灌区年均地下水位在1957—1980年间呈现大幅度下降趋势，在1981—1990年间呈现大幅度上升趋势，在1991—2002年间呈现小幅度下降趋势，在2002—2014年间呈现先增后降趋势。

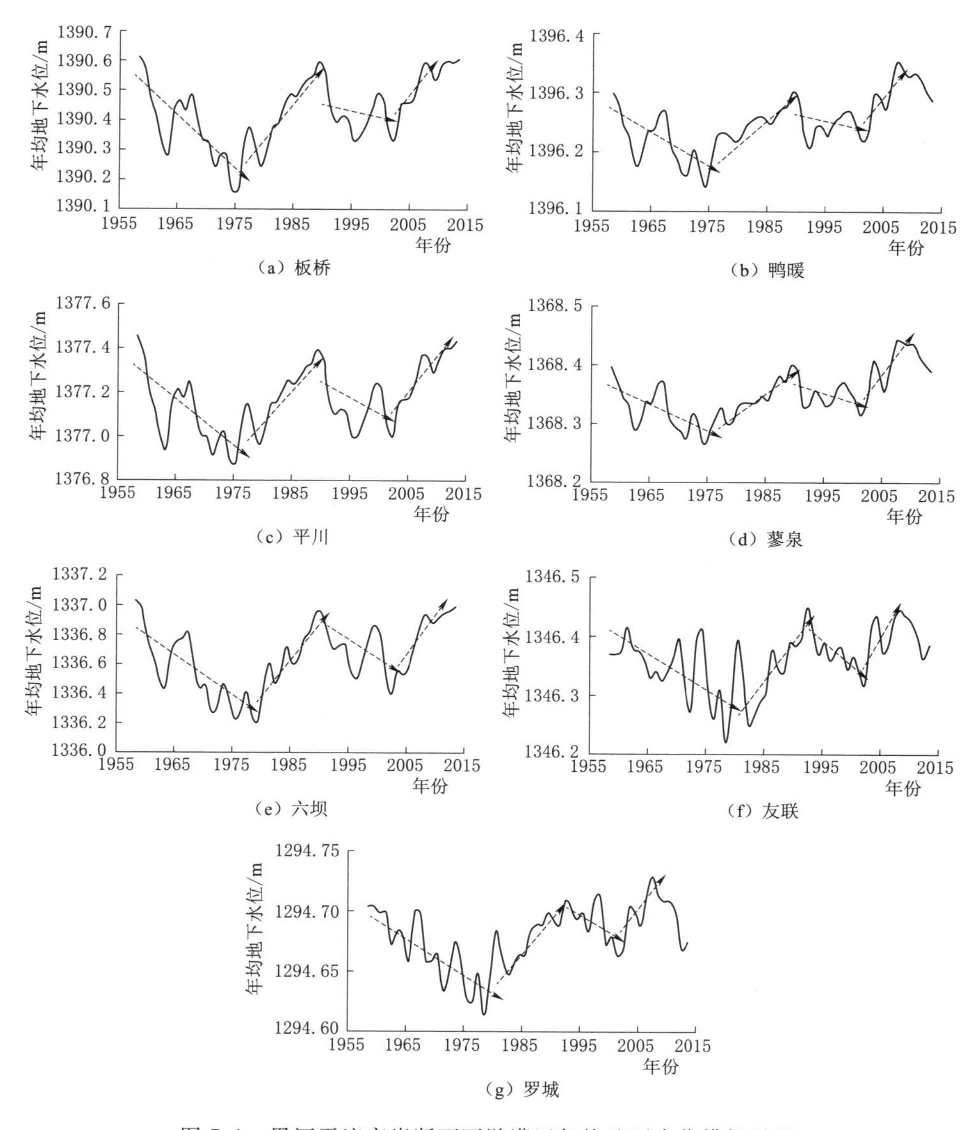

图 7.1 黑河干流高崖断面下游灌区年均地下水位模拟过程

莺落峡断面年径流过程如图 7.3 所示，图中平均线表示莺落峡断面多年平均径流量的水平线。可以看出，莺落峡断面年径流量在 1957—1980 年间基本处于枯水状态，在 1981—1990 年间基本处于丰水状态，在 1991—2002 年间基本处于平水状态，而在 2002 年后又基本处于丰水状态。

结合中游灌区年均地下水位过程和莺落峡断面年径流过程可以看出，中游灌区年均地下水位变化趋势与莺落峡断面年径流丰枯状态具有很好的对应关系。

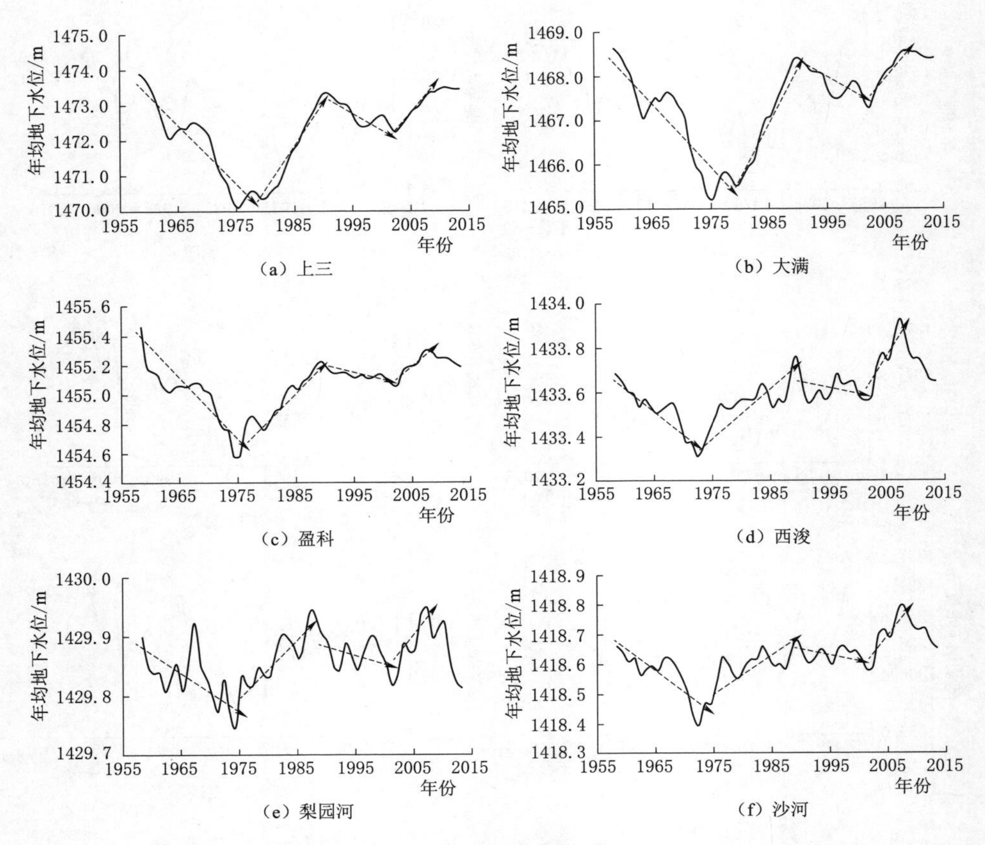

图 7.2 黑河干流高崖断面上游灌区及梨园河灌区年均地下水位模拟过程

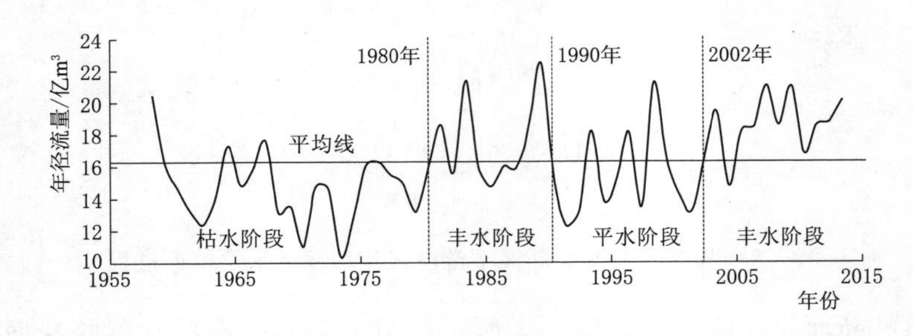

图 7.3 黑河干流莺落峡断面年径流过程

当莺落峡断面来水偏枯时，中游灌区地下水位会不断下降；当莺落峡断面来水由枯转丰时，中游灌区地下水位不断抬高；当莺落峡断面来水由丰转平时，中游灌区地下水位也会小幅度下降；当莺落峡断面来水由平转丰时，中游灌区地下水位又再次不断升高。因此，莺落峡断面来水偏丰则中游灌区地下水位升高，来水偏枯则中游灌区地下水位下降，符合黑河流域地表水与地下水转换规律。

综上所述，黑河流域水资源调配模型运行结果可靠，模型结构和参数值合理，可用于黑河流域水资源调配研究和实践。

7.2 黑河流域水资源调配方案计算

（1）现状水平年。

在现状水平年，黑河流域尚未建成黄藏寺水库，故水资源调配模型决策变量为河道闭口时间。现状水平年各方案（方案1～方案3）的生态关键期旬闭口率优化值及河道闭口总天数见表7.8，各方案待定指标计算结果见表7.9。

表7.8 黑河现状水平年各方案生态关键期旬闭口率及河道闭口总天数

方案编号	4月上旬	4月中旬	4月下旬	8月上旬	8月中旬	8月下旬	闭口总天数
方案1	1.0	0.0	1.0	1.0	1.0	1.0	51
方案2	1.0	1.0	0.0	1.0	1.0	1.0	51
方案3	1.0	1.0	0.0	1.0	1.0	1.0	51

表7.9 黑河现状水平年各方案待定指标计算结果

黑河水资源调配待定指标	指标编码	方案1	方案2	方案3
多年平均发电量/(亿kW·h)	D_1	22.76	22.76	22.76
保证出力/MW	D_2	107.93	107.93	107.93
灌溉多年平均缺水量/万m^3	D_6	7599	6456	5955
居民生活和工业多年平均缺水量/万m^3	D_7	46	46	46
地下水多年平均开采程度	D_{10}	1.52	1.21	1.09
地下水最大超采量/万m^3	D_{11}	36312	21016	14350
地下水超采最长持续时间/年	D_{12}	56	40	21
鼎新多年平均取水量/万m^3	D_{13}	9000	9000	9000
东风多年平均取水量/万m^3	D_{14}	5679	6000	6000
正义峡多年平均下泄量/万m^3	D_{15}	83063	93346	98313
狼心山生态关键期多年平均下泄水量/万m^3	D_{16}	25250	26209	26635
狼心山生态关键期最大缺水深度/%	D_{17}	23.7	20.8	20.5
狼心山生态关键期最长连续缺水时间/年	D_{18}	1	1	1

（2）近期水平年。

在近期和远期水平年，黄藏寺水库参与黑河水资源调配，故水资源调配模型决策变量为河道闭口时间和黄藏寺水库水位。近期水平年各方案（方案4～方案 12）生态关键期旬闭口率优化值及河道闭口总天数见表 7.10，各方案黄藏寺水库水位优化过程如图 7.4 所示，各方案待定指标计算结果见表 7.11。

表 7.10 黑河近期水平年各方案生态关键期旬闭口率及河道闭口总天数

方案编号	4 月上旬	4 月中旬	4 月下旬	8 月上旬	8 月中旬	8 月下旬	闭口总天数
方案 4	1.0	0.0	0.0	1.0	1.0	0.0	31
方案 5	0.8	0.0	0.0	1.0	0.0	0.9	27
方案 6	0.5	0.4	0.0	1.0	0.0	0.7	26
方案 7	0.3	1.0	0.0	1.0	0.0	1.0	33
方案 8	1.0	0.0	0.0	0.8	1.0	0.4	32
方案 9	0.6	0.6	0.4	0.7	0.9	1.0	43
方案 10	0.7	0.0	0.3	0.0	1.0	1.0	31
方案 11	0.9	0.8	0.3	0.8	0.8	0.8	45
方案 12	0.6	0.8	0.4	0.7	1.0	1.0	46

表 7.11 黑河近期水平年各方案待定指标计算结果

指标编码	方案 4	方案 5	方案 6	方案 7	方案 8	方案 9	方案 10	方案 11	方案 12
D_1	22.81	23.00	23.62	23.36	23.87	24.33	23.55	23.92	24.39
D_2	118.95	120.36	118.61	126.47	122.19	118.48	118.06	121.09	124.00
D_6	7801	7196	6725	6665	6172	5783	6194	5746	5387
D_7	59	52	50	59	52	50	59	52	50
D_{10}	1.46	1.20	1.04	1.18	1.00	0.98	1.07	1.00	0.93
D_{11}	37627	19296	8174	24990	7683	8378	13486	12198	5984
D_{12}	56	40	11	43	9	5	9	3	3
D_{13}	9000	9000	9000	9000	9000	9000	9000	9000	9000
D_{14}	5893	6000	6000	6000	6000	6000	6000	6000	6000
D_{15}	82274	92227	98803	92472	102434	109777	96986	107849	113912
D_{16}	22287	23042	22366	24391	24680	27582	24848	27117	28345
D_{17}	0.2	1.1	7.3	0.0	7.0	9.2	14.2	8.2	5.7
D_{18}	1	1	2	1	1	1	1	1	1

（3）远期水平年。

远水平年各方案（方案 13～方案 21）生态关键期旬闭口率优化值及河道闭口总天数见表 7.12，各方案黄藏寺水库水位优化过程如图 7.5 所示，各方案待定指标计算结果见表 7.13。

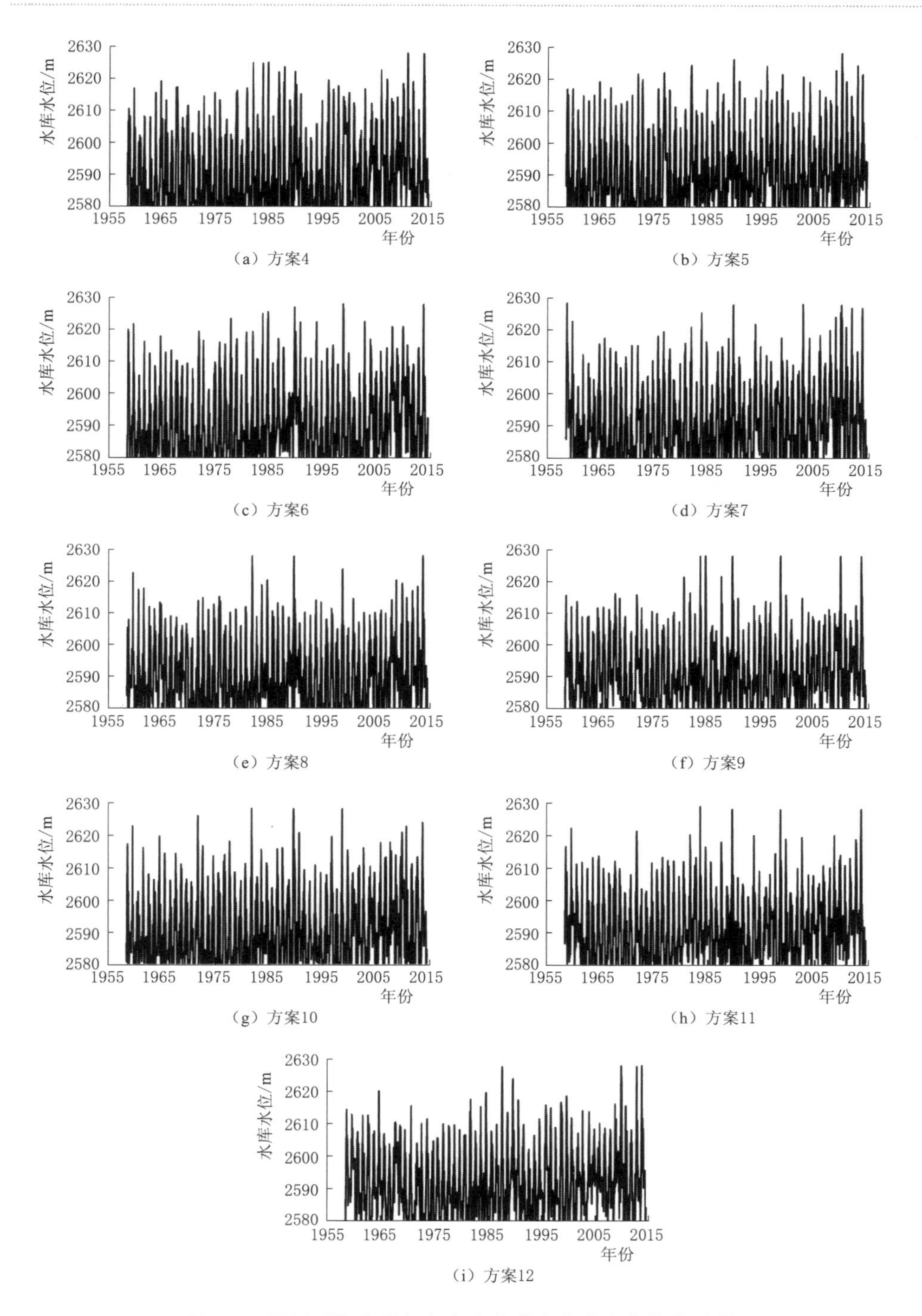

(a) 方案4

(b) 方案5

(c) 方案6

(d) 方案7

(e) 方案8

(f) 方案9

(g) 方案10

(h) 方案11

(i) 方案12

图 7.4 黑河近期水平年各方案黄藏寺水库水位优化过程

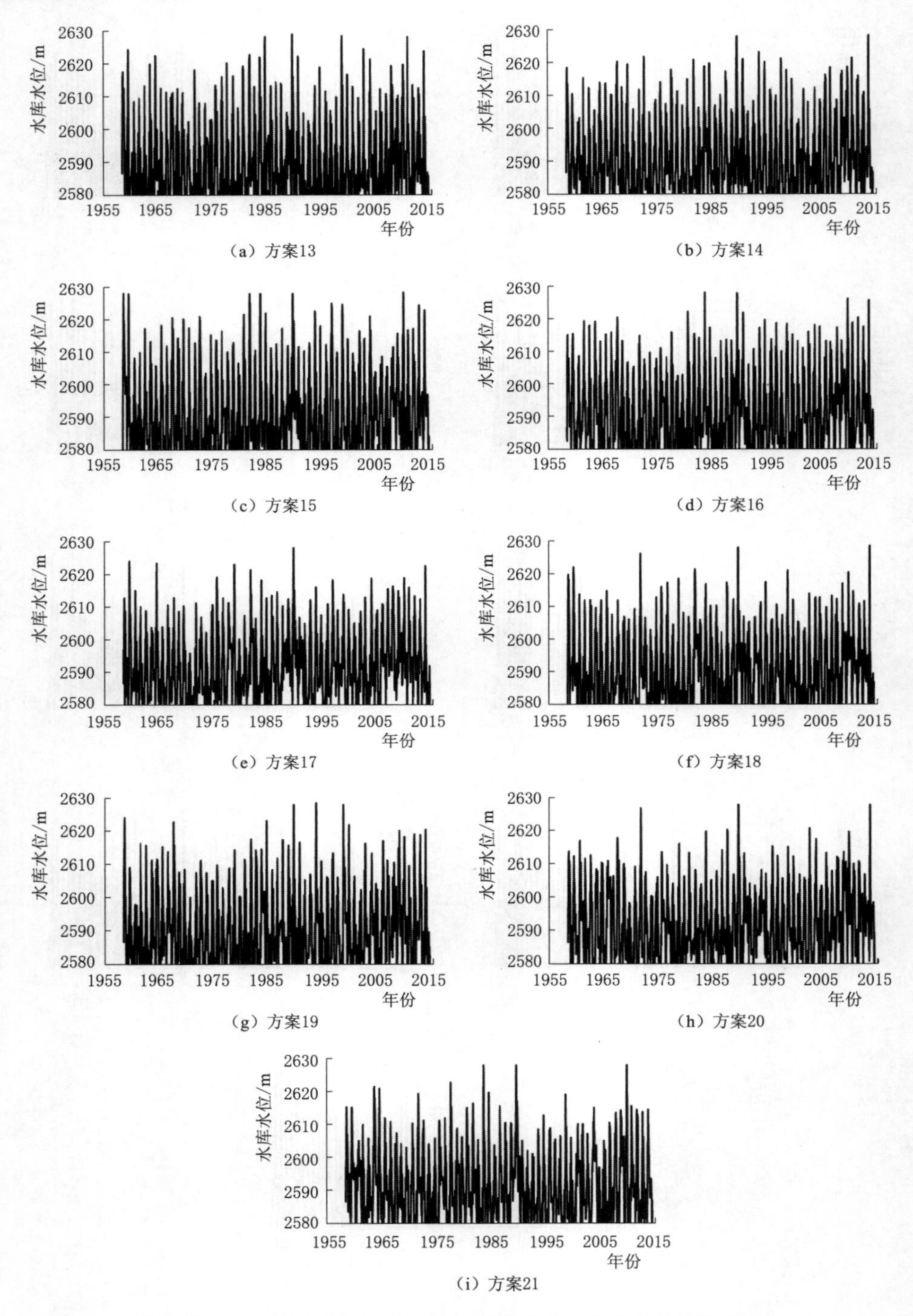

图7.5 黑河远期水平年各方案黄藏寺水库水位优化过程

表 7.12　黑河远期水平年各方案生态关键期旬闭口率及河道闭口总天数

方案编号	4月上旬	4月中旬	4月下旬	8月上旬	8月中旬	8月下旬	闭口总天数
方案 13	0.3	0.0	1.0	0.1	1.0	0.8	32
方案 14	0.5	0.0	0.0	1.0	0.0	0.8	24
方案 15	0.6	0.0	1.0	0.0	0.4	1.0	30
方案 16	0.3	0.3	0.0	1.0	0.0	0.8	24
方案 17	0.3	0.2	1.0	0.9	0.7	0.9	42
方案 18	0.3	0.6	1.0	0.7	1.0	0.6	42
方案 19	0.7	1.0	0.3	1.0	0.9	0.1	40
方案 20	0.6	0.7	0.0	1.0	0.8	1.0	42
方案 21	0.3	0.7	0.2	1.0	1.0	1.0	42

表 7.13　黑河远期水平年各方案待定指标计算结果

指标编码	方案 13	方案 14	方案 15	方案 16	方案 17	方案 18	方案 19	方案 20	方案 21
D_1	22.85	23.47	23.42	23.41	24.28	24.18	23.82	24.39	24.51
D_2	117.28	123.96	125.62	119.29	122.20	123.59	122.68	120.42	119.93
D_6	7495	6852	6516	6471	5955	5664	6038	5574	5305
D_7	53	49	63	53	49	63	53	49	63
D_{10}	1.29	1.03	1.02	1.04	0.98	1.00	0.99	0.96	0.99
D_{11}	22646	12358	8510	17965	11779	7711	6866	5224	9008
D_{12}	52	13	9	9	6	5	5	3	7
D_{13}	9000	9000	9000	9000	9000	9000	9000	9000	9000
D_{14}	6000	6000	6000	6000	6000	6000	6000	6000	6000
D_{15}	89361	101357	103167	98630	111365	112385	103512	115525	116061
D_{16}	22785	23430	23616	22483	26580	26154	24457	27997	29021
D_{17}	11.4	15.2	29.4	10.8	1.6	3.6	10.1	3.5	0.7
D_{18}	2	2	1	1	1	2	1	1	1

7.3　黑河流域水资源调配方案评价

7.3.1　指标归一化与权重计算

（1）指标归一化。

对不同水平年各方案的评价指标进行归一化，结果见表 7.14～表 7.16。

表7.14　现状水平年各方案的评价指标归一化结果

指标编码	方案1	方案2	方案3
D_1	1.000	1.000	0.000
D_2	1.000	1.000	0.000
D_3	1.000	0.416	0.000
D_4	1.000	1.000	1.000
D_5	1.000	1.000	1.000
D_6	0.000	0.695	1.000
D_7	1.000	1.000	1.000
D_8	1.000	1.000	1.000
D_9	1.000	1.000	1.000
D_{10}	0.000	0.721	1.000
D_{11}	0.000	0.696	1.000
D_{12}	0.000	0.457	1.000
D_{13}	1.000	1.000	1.000
D_{14}	0.000	1.000	1.000
D_{15}	0.000	0.674	1.000
D_{16}	0.000	0.693	1.000
D_{17}	0.000	0.906	1.000
D_{18}	1.000	1.000	1.000

表7.15　近期水平年各方案的评价指标归一化结果

指标编码	方案4	方案5	方案6	方案7	方案8	方案9	方案10	方案11	方案12
D_1	0.000	0.120	0.513	0.348	0.671	0.962	0.468	0.703	1.000
D_2	0.106	0.273	0.065	1.000	0.491	0.050	0.000	0.360	0.706
D_3	1.000	1.000	1.000	0.416	0.416	0.416	0.000	0.000	0.000
D_4	0.000	0.571	1.000	0.000	0.571	1.000	0.000	0.571	1.000
D_5	0.000	0.600	1.000	0.000	0.600	1.000	0.000	0.600	1.000
D_6	0.000	0.251	0.446	0.471	0.675	0.836	0.666	0.851	1.000
D_7	0.000	0.811	1.000	0.000	0.811	1.000	0.000	0.811	1.000
D_8	0.000	0.500	1.000	0.000	0.500	1.000	0.000	0.500	1.000
D_9	0.000	0.679	1.000	0.000	0.679	1.000	0.000	0.679	1.000
D_{10}	0.000	0.565	0.913	0.609	1.000	0.957	0.848	1.000	0.848
D_{11}	0.000	0.579	0.931	0.399	0.946	0.924	0.763	0.804	1.000

续表

指标编码	方案 4	方案 5	方案 6	方案 7	方案 8	方案 9	方案 10	方案 11	方案 12
D_{12}	0.000	0.302	0.849	0.245	0.887	0.962	0.887	1.000	1.000
D_{13}	1.000	1.000	1.000	1.000	1.000	1.000	1.000	1.000	1.000
D_{14}	0.000	1.000	1.000	1.000	1.000	1.000	1.000	1.000	1.000
D_{15}	0.000	0.315	0.522	0.322	0.637	0.869	0.465	0.808	1.000
D_{16}	0.000	0.124	0.013	0.347	0.395	0.874	0.423	0.797	1.000
D_{17}	0.986	0.923	0.486	1.000	0.507	0.352	0.000	0.423	0.599
D_{18}	1.000	1.000	0.000	1.000	1.000	1.000	1.000	1.000	1.000

表 7.16　　远期水平年各方案的评价指标归一化结果

指标编码	方案 13	方案 14	方案 15	方案 16	方案 17	方案 18	方案 19	方案 20	方案 21
D_1	0.000	0.373	0.343	0.337	0.861	0.801	0.584	0.928	1.000
D_2	0.000	0.801	1.000	0.241	0.590	0.757	0.647	0.376	0.318
D_3	1.000	1.000	1.000	0.416	0.416	0.416	0.000	0.000	0.000
D_4	0.000	0.677	1.000	0.000	0.677	1.000	0.000	0.677	1.000
D_5	0.000	0.714	1.000	0.000	0.714	1.000	0.000	0.714	1.000
D_6	0.000	0.294	0.447	0.468	0.703	0.836	0.665	0.877	1.000
D_7	0.710	1.000	0.000	0.710	1.000	0.000	0.710	1.000	0.000
D_8	0.000	0.333	1.000	0.000	0.333	1.000	0.000	0.333	1.000
D_9	0.000	0.706	1.000	0.000	0.706	1.000	0.000	0.706	1.000
D_{10}	0.000	0.897	0.931	0.862	0.931	1.000	0.966	0.862	0.966
D_{11}	0.000	0.591	0.811	0.269	0.624	0.857	0.906	1.000	0.783
D_{12}	0.000	0.796	0.878	0.878	0.939	0.959	0.959	1.000	0.918
D_{13}	1.000	1.000	1.000	1.000	1.000	1.000	1.000	1.000	1.000
D_{14}	1.000	1.000	1.000	1.000	1.000	1.000	1.000	1.000	1.000
D_{15}	0.000	0.449	0.517	0.347	0.824	0.862	0.530	0.980	1.000
D_{16}	0.046	0.145	0.173	0.000	0.627	0.562	0.302	0.843	1.000
D_{17}	0.627	0.495	0.000	0.648	0.969	0.899	0.672	0.902	1.000
D_{18}	0.000	0.000	1.000	1.000	1.000	0.000	1.000	1.000	1.000

（2）指标权重计算。

根据黑河流域水资源调配评价指标体系，构造判断矩阵如下：

$$f(\mathrm{A}\sim\mathrm{B}_i)=\begin{bmatrix}1 & 1/6 & 1/7\\ 6 & 1 & 1\\ 7 & 1 & 1\end{bmatrix},i=1\sim3. \tag{7.2}$$

$$f(\mathrm{B}_1\sim\mathrm{C}_1)=1 \tag{7.3}$$

$$f(\mathrm{B}_2\sim\mathrm{C}_i)=\begin{bmatrix}1 & 1/5 & 3\\ 5 & 1 & 7\\ 1/3 & 1/7 & 1\end{bmatrix},i=2\sim4. \tag{7.4}$$

$$f(\mathrm{B}_3\sim\mathrm{C}_i)=\begin{bmatrix}1 & 1/3\\ 3 & 1\end{bmatrix},i=5\sim6. \tag{7.5}$$

$$f(\mathrm{C}_1\sim\mathrm{D}_i)=\begin{bmatrix}1 & 1/3\\ 3 & 1\end{bmatrix},i=1\sim2. \tag{7.6}$$

$$f(\mathrm{C}_2\sim\mathrm{D}_i)=\begin{bmatrix}1 & 3 & 3 & 1/3\\ 1/3 & 1 & 1/2 & 1/5\\ 1/3 & 2 & 1 & 1/5\\ 3 & 5 & 5 & 1\end{bmatrix},i=3\sim6. \tag{7.7}$$

$$f(\mathrm{C}_3\sim\mathrm{D}_i)=\begin{bmatrix}1 & 5 & 5\\ 1/5 & 1 & 1\\ 1/5 & 1 & 1\end{bmatrix},i=7\sim9. \tag{7.8}$$

$$f(\mathrm{C}_4\sim\mathrm{D}_i)=\begin{bmatrix}1 & 5 & 3\\ 1/5 & 1 & 1/3\\ 1/3 & 3 & 1\end{bmatrix},i=10\sim12. \tag{7.9}$$

$$f(\mathrm{C}_5\sim\mathrm{D}_i)=\begin{bmatrix}1 & 1/2\\ 2 & 1\end{bmatrix},i=13\sim14. \tag{7.10}$$

$$f(\mathrm{C}_6\sim\mathrm{D}_i)=\begin{bmatrix}1 & 1/5 & 1/2 & 1/3\\ 5 & 1 & 4 & 3\\ 2 & 1/4 & 1 & 1/5\\ 3 & 1/3 & 5 & 1\end{bmatrix},i=15\sim18. \tag{7.11}$$

上述判断矩阵的最大一致性指标函数值$CIF_{\max}=0.02<0.1$，故构造的判断矩阵都满足一致性要求。在判断矩阵基础上，利用AHP法计算各评价指标主观权重，结果见表7.17。此外，表7.17还给出了不同水平年各评价指标的客观权重和综合权重计算结果。

表 7.17 黑河流域水资源调配评价指标主观权重、客观权重及综合权重计算结果

指标编码	主观权重	现状水平年		近期水平年		远期水平年	
		客观权重	综合权重	客观权重	综合权重	客观权重	综合权重
D_1	0.0179	0.0567	0.0366	0.0555	0.0367	0.0553	0.0371
D_2	0.0536	0.0567	0.0551	0.0557	0.0547	0.0555	0.0546
D_3	0.0212	0.0573	0.0386	0.0563	0.0388	0.0563	0.0392
D_4	0.0062	0.0536	0.0291	0.0561	0.0312	0.0561	0.0318
D_5	0.0097	0.0536	0.0309	0.0561	0.0330	0.0561	0.0335
D_6	0.0478	0.0568	0.0521	0.0553	0.0515	0.0552	0.0516
D_7	0.2378	0.0536	0.1488	0.0560	0.1467	0.0561	0.1444
D_8	0.0476	0.0536	0.0505	0.0562	0.0519	0.0564	0.0521
D_9	0.0476	0.0536	0.0505	0.0561	0.0518	0.0561	0.0519
D_{10}	0.0220	0.0568	0.0388	0.0551	0.0386	0.0550	0.0390
D_{11}	0.0035	0.0568	0.0292	0.0551	0.0294	0.0552	0.0301
D_{12}	0.0089	0.0572	0.0322	0.0553	0.0322	0.0550	0.0326
D_{13}	0.0298	0.0536	0.0413	0.0546	0.0422	0.0546	0.0426
D_{14}	0.0893	0.0567	0.0735	0.0550	0.0721	0.0546	0.0715
D_{15}	0.0218	0.0568	0.0387	0.0553	0.0386	0.0552	0.0390
D_{16}	0.1921	0.0568	0.1268	0.0559	0.1239	0.0560	0.1221
D_{17}	0.0376	0.0567	0.0468	0.0553	0.0465	0.0551	0.0466
D_{18}	0.1057	0.0536	0.0805	0.0550	0.0803	0.0560	0.0802
合计	1.0000	1.0000	1.0000	1.0000	1.0000	1.0000	1.0000

7.3.2 不同水平年方案评价

分别利用 TOPSIS 法、均衡优化分析法、灰色关联分析法、非负矩阵分解法和投影寻踪法对黑河流域不同水平年水资源调配方案进行初步评价，采用多方法联合评价模式对不同水平年水资源调配方案做出最终评价。

（1）现状水平年。

黑河现状水平年不同水资源调配方案综合评价指标值见表 7.18，不同水资源调配方案评价排序见表 7.19。可以看出，方案 2 和方案 3 并列排序第 1，都为最优方案。方案 3 相比方案 2 缩减灌溉面积更大，对中游农业现状冲击更严重。考虑到社会可接受性，应当在方案 2 基础上提高中游平均灌溉水利用系数（方案 2+）。具体地，现状水平年通过渠道衬砌将中游平均灌溉水利用系数从 0.53 提高至 0.56。

表 7.18 黑河现状水平年不同水资源调配方案综合评价指标值

综合评价指标	方案1	方案2	方案3
相对贴近度	0.302	0.736	0.698
均衡优化度	0.397	0.747	0.691
灰色关联度	0.708	0.847	0.913
权值	0.177	0.243	0.251
投影值	0.173	0.482	0.482

表 7.19 黑河现状水平年不同水资源调配方案评价排序

评价方法	方案1	方案2	方案3
TOPSIS	3	1	2
均衡优化分析	3	1	2
灰色关联分析	3	2	1
非负矩阵分解	3	2	1
投影寻踪	3	2	2
多方法联合评价	3.0	1.6	1.6

(2) 近期水平年。

黑河近期水平年不同水资源调配方案综合评价指标值见表7.20，不同水资源调配方案评价排序见表7.21。多方法联合评价结果表明，近期水平年最优方案为方案12。

表 7.20 黑河近期水平年不同水资源调配方案综合评价指标值

综合评价指标	方案4	方案5	方案6	方案7	方案8	方案9	方案10	方案11	方案12
相对贴近度	0.288	0.574	0.555	0.417	0.654	0.801	0.406	0.727	0.857
均衡优化度	0.264	0.494	0.494	0.337	0.610	0.732	0.306	0.608	0.823
灰色关联度	0.471	0.646	0.725	0.570	0.682	0.861	0.551	0.723	0.945
权值	0.048	0.176	0.173	0.107	0.197	0.245	0.107	0.214	0.258
投影值	0.082	0.305	0.300	0.185	0.340	0.424	0.185	0.371	0.447

表 7.21 黑河近期水平年不同水资源调配方案评价排序

评价方法	方案4	方案5	方案6	方案7	方案8	方案9	方案10	方案11	方案12
TOPSIS	9	5	6	7	4	2	8	3	1
均衡优化分析	9	6	6	7	3	2	8	4	1
灰色关联分析	9	6	3	7	5	2	8	4	1
非负矩阵分解	9	5	6	8	4	2	8	3	1
投影寻踪	9	5	6	8	4	2	8	3	1
多方法联合评价	9.0	5.4	5.4	7.4	4.0	2.0	8.0	3.4	1.0

（3）远期水平年。

黑河远期水平年不同水资源调配方案综合评价指标值见表 7.22，不同水资源调配方案评价排序见表 7.23。多方法联合评价结果表明，远期水平年最优方案为方案 20。

表 7.22　　黑河远期水平年不同水资源调配方案综合评价指标值

综合评价指标	方案 13	方案 14	方案 15	方案 16	方案 17	方案 18	方案 19	方案 20	方案 21
相对贴近度	0.358	0.533	0.446	0.461	0.758	0.468	0.531	0.764	0.559
均衡优化度	0.283	0.474	0.479	0.359	0.700	0.548	0.413	0.662	0.615
灰色关联度	0.491	0.644	0.710	0.578	0.783	0.715	0.626	0.809	0.827
权值	0.103	0.166	0.132	0.149	0.227	0.135	0.170	0.233	0.174
投影值	0.202	0.324	0.259	0.291	0.444	0.265	0.332	0.455	0.341

表 7.23　　黑河远期水平年不同水资源调配方案评价排序

评价方法	方案 13	方案 14	方案 15	方案 16	方案 17	方案 18	方案 19	方案 20	方案 21
TOPSIS	9	4	8	7	2	6	5	1	3
均衡优化分析	9	6	5	8	1	4	7	2	3
灰色关联分析	9	6	5	8	3	4	7	2	1
非负矩阵分解	9	5	8	6	2	7	4	1	3
投影寻踪	9	5	8	6	2	7	4	1	3
多方法联合评价	9.0	5.2	6.8	7.0	2.0	5.6	5.4	1.4	2.6

7.4　本　章　小　结

本章确定了黑河流域水资源调配模型的参数，从流域水量和中游地下水位两个角度分析了水资源调配模型的合理性；模拟计算了黑河流域现状、近期和远期水平年的水资源调配方案；综合评价了黑河流域不同水平年的水资源调配方案。结果表明构建的水资源调配模型是合理的，可用于黑河流域水资源调配研究和实践。通过综合评价，在现状水平年推荐黑河流域水资源调配采用方案2十，在近期水平年推荐采用方案 12，在远期水平年推荐采用方案 20。

第8章

黑河流域水资源调配规律

从干支流水库蓄泄、上游梯级水电站发电、中游灌区取水、鼎新和东风取水及干流关键断面水量变化6个方面，分析黑河流域不同水平年推荐方案（现状方案2+、近期方案12和远期方案20）的水资源调配规律。

8.1　黑河流域干支流水库蓄泄规律

（1）黄藏寺水库。

方案12和方案20的黄藏寺水库旬末最高、最低和平均水位过程如图8.1所示。根据最高水位过程，黄藏寺水库在多年运行中能够蓄满兴利库容，方案12和方案20的年内最大库容利用率（年内最高水位与死水位之间的蓄水量占兴利库容的百分比）多年均值分别为54.9%和52.5%。从最低水位过程看，黄藏寺水库7月上旬至9月中旬（除8月下旬以外）水位都在死水位以上。由平均水位过程得出，黄藏寺水库一年有三次调蓄过程：4月上旬至8月中旬，8月下旬至11月中旬和11月下旬至次年3月下旬。

方案12和方案20的黄藏寺水库旬均最大、最小和平均出库流量过程如图8.2所示。黄藏寺最大、最小和平均出库流量过程可以分为4个阶段：缓增阶段（3月上旬至7月中旬）、陡变阶段（7月下旬至9月上旬）、缓减阶段（9月中旬至11月下旬）和基流阶段（12月上旬至2月下旬）。黄藏寺出库陡变阶段是中游灌区与下游生态区需水的主要矛盾时期，灌溉和生态需水量在此阶段（尤其8月份）都很大，故要求水库旬均出库流量也大。黄藏寺水库在基流阶段基本保持9m^3/s的旬均下泄流量，灌溉和生态在此阶段的用水矛盾最小。黄藏寺水库其他两个出库阶段都是中游灌溉与下游生态用水矛盾由大到小或由小变大的过渡阶段。

（2）鹦—红梯级水库。

鹦—红梯级水库联合调节库容随不同水平年泥沙淤积量而变化，在现状水平年和近期水平年都为2679万m^3，在远期水平年为2349万m^3。不同水平年推

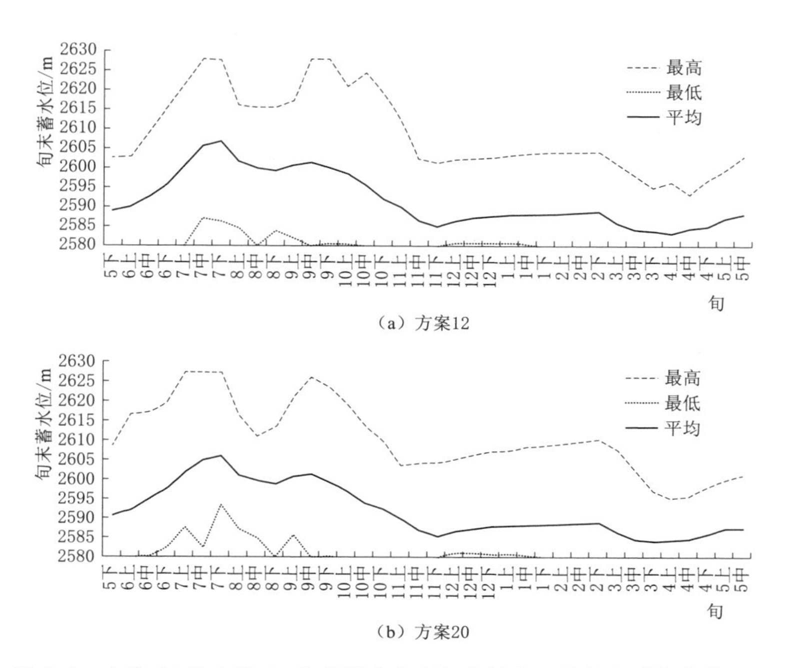

图 8.1　方案 12 和方案 20 的黄藏寺水库旬末最高、最低和平均水位过程

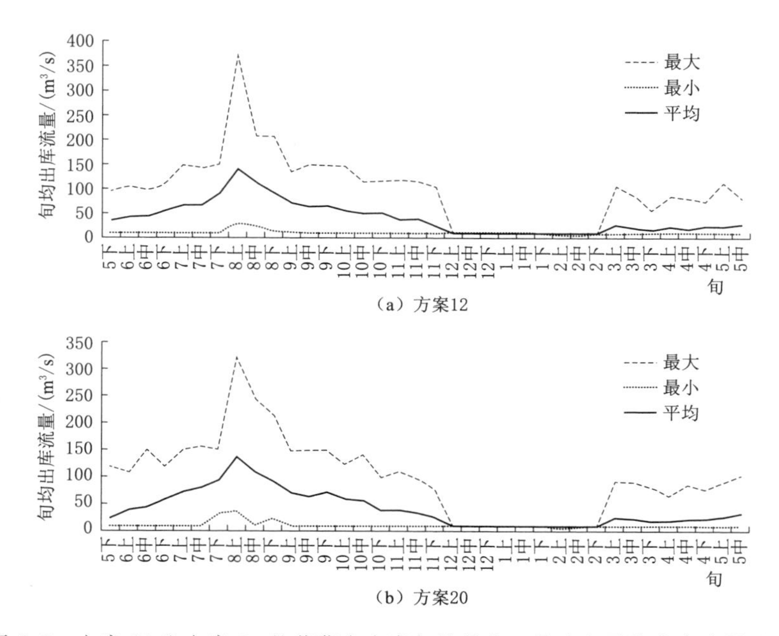

图 8.2　方案 12 和方案 20 的黄藏寺水库旬均最大、最小和平均出库流量过程

荐方案的鹦—红梯级水库蓄水总量过程如图 8.3 所示。

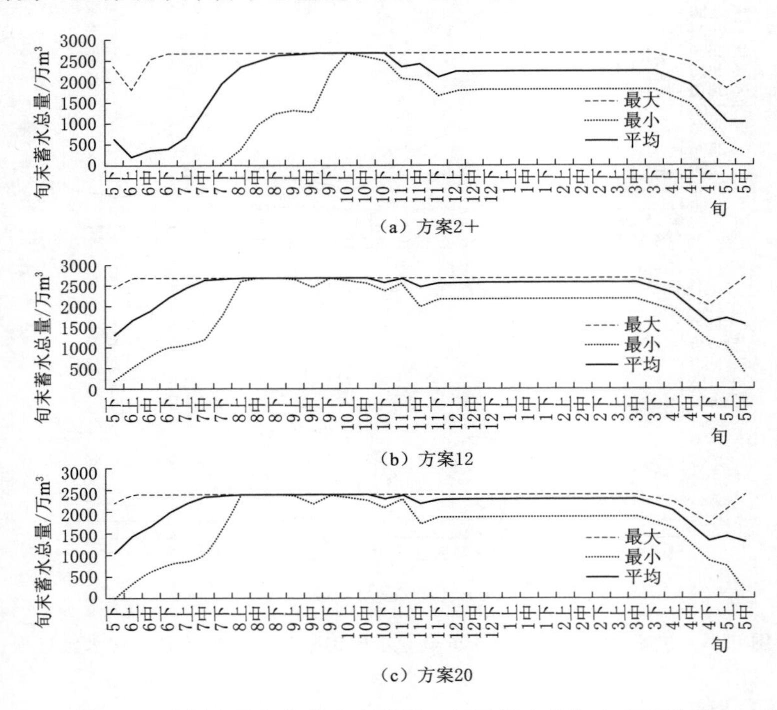

图 8.3　不同水平年推荐方案的鹦—红梯级水库旬末蓄水总量

中游灌区面积缩减和黄藏寺水库投运对鹦—红梯级水库丰水期（5 月下旬至 10 月上旬）蓄水总量变化过程影响较大，而对枯水期（10 月中旬至次年 5 月中旬）蓄水总量变化过程影响较小。方案 2+的鹦—红梯级水库最大蓄水总量在 6 月下旬达到最大，而方案 12 和方案 20 的最大蓄水总量在 6 月上旬达到最大；方案 2+的鹦—红梯级水库最小蓄水总量在 10 月上旬达到最大，而方案 12 和方案 20 的最大蓄水总量在 8 月上旬达到最大；方案 2+的鹦—红梯级水库平均蓄水总量在 9 月中旬达到最大，而方案 12 和方案 20 的最大蓄水总量在 7 月下旬达到最大。因此，中游灌区面积缩减和黄藏寺水库投运后，鹦—红梯级水库丰水期蓄水总量会提前达到最大。

鹦—红梯级水库在满足梨园河灌区需水且蓄满水库后，将剩余水量汇入黑河干流高平河段。在不同水平年推荐方案下，鹦—红梯级水库泄流汇入黑河干流的旬最大、最小和平均水量过程如图 8.4 所示。鹦—红梯级水库一般在丰水期将剩余来水量汇入黑河干流，在枯水期基本不往黑河干流放水。方案 2+、方案 12 和方案 20 鹦—红梯级水库泄水汇入黑河干流的多年平均水量分别为 7171 万 m^3，9677 万 m^3 和 9798 万 m^3。因此，尽管支流梨园河修建了鹦—红梯级水库，但随着

梨园河灌区灌溉需水的缩减，梨园河在丰水期仍会将大量剩余水量汇入黑河干流。

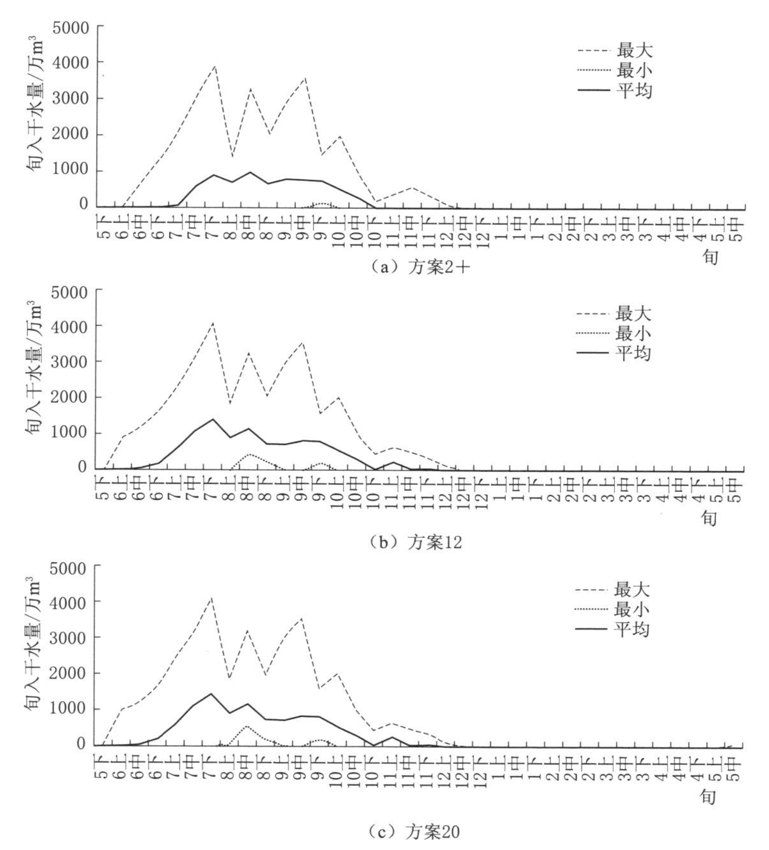

（a）方案2+

（b）方案12

（c）方案20

图 8.4 不同水平年推荐方案下鹦—红梯级水库各旬汇入黑河干流的最大、最小和平均水量

8.2 黑河流域上游梯级水电站发电规律

不同水平年推荐方案的梯级水电站保证出力和多年平均发电量见表 8.1。方案 2+没有黄藏寺水电站，宝瓶河至龙首一级 7 座梯级水电站保证出力相对设计值提高 31.4%，梯级多年平均发电量与设计值基本相当。方案 12 和方案 20 有黄藏寺水电站，方案 12 和方案 20 的梯级保证出力相比设计值分别提高 40.4%和 36.3%，梯级多年平均发电量相比设计值都减少 1.6%。两种方案的黄藏寺水电站多年平均发电量相比设计值都减少 30.4%，主要原因在于黄藏寺水库主要服务于水量调度，从而牺牲了黄藏寺水电站发电效益。

图 8.5 表明，黑河上游梯级水电站年发电量和莺落峡断面年下泄水量具有良

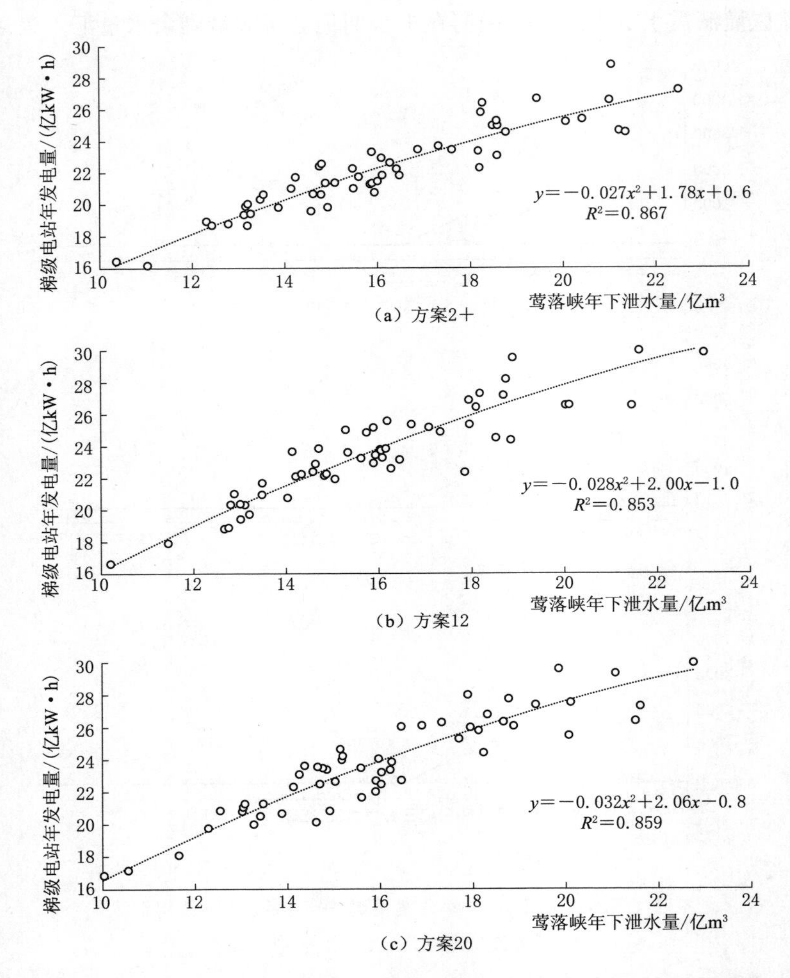

图 8.5 不同推荐方案下黑河上游梯级水电站年发电量与莺落峡断面年下泄水量关系

表 8.1 不同水平年推荐方案的梯级水电站保证出力和多年平均发电量

上游水电站	保证出力/MW				多年平均发电量/(亿 kW·h)			
	设计值	方案 2+	方案 12	方案 20	设计值	方案 2+	方案 12	方案 20
黄藏寺	6.20	—	8.18	7.74	2.08	—	1.45	1.45
宝瓶河	14.90	18.74	19.91	19.12	4.14	4.04	4.05	4.06
三道湾	13.94	19.02	20.14	19.53	4.00	4.01	4.02	4.03
二龙山	6.03	8.36	8.94	8.63	1.74	1.77	1.78	1.78
大孤山	8.60	10.21	11.02	10.61	2.01	2.19	2.21	2.21
小孤山	14.09	18.30	19.70	19.32	3.71	3.64	3.65	3.64

续表

上游水电站	保证出力/MW				多年平均发电量/(亿 kW·h)			
	设计值	方案 2+	方案 12	方案 20	设计值	方案 2+	方案 12	方案 20
龙首二级	17.70	24.70	26.77	26.30	5.28	5.31	5.40	5.39
龙首一级	6.88	8.59	9.33	9.17	1.84	1.80	1.83	1.83
合计	88.34	107.93	124.00	120.42	24.80	22.76	24.39	24.39

好的正相关关系，利用二次函数进行拟合，3 个推荐方案下的拟合度都在 0.85 以上。因此，莺落峡断面下泄水量是影响黑河上游梯级水电站发电量主要因素。

黑河上游梯级水电站旬发电量与莺落峡旬下泄水量具有很好的一致性，如图 8.6 所示。丰水期莺落峡断面泄水量大，上游梯级水电站发电量大；枯水期莺落峡断面泄水量小，上游梯级水电站发电量也小。从年内分配看，莺落峡断面丰水期泄水量约占全年泄水量的 70%，上游梯级水电站丰水期发电量约占全年发电量的 66%，两者年内分配比例基本相当。

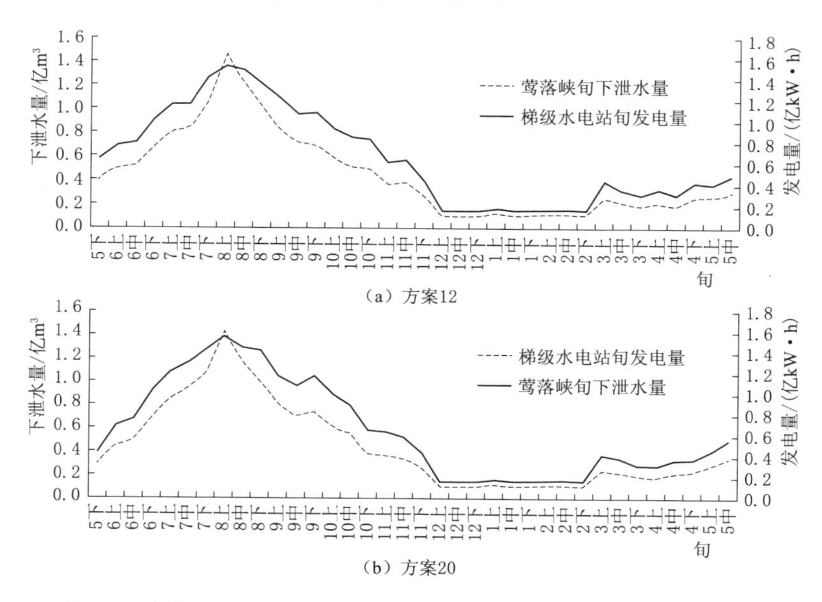

图 8.6 方案 12 和方案 20 黑河上游莺落峡断面旬均下泄水量与梯级水电站旬发电量关系

黑河上游梯级水电站与黄藏寺水电站平均出力之间存在良好的正相关性，如图 8.7 所示。利用二次函数进行拟合，枯水期拟合度高于丰水期拟合度。根据平均出力拟合关系，可以调节黄藏寺水库出库流量控制黑河上游梯级水电站出力。

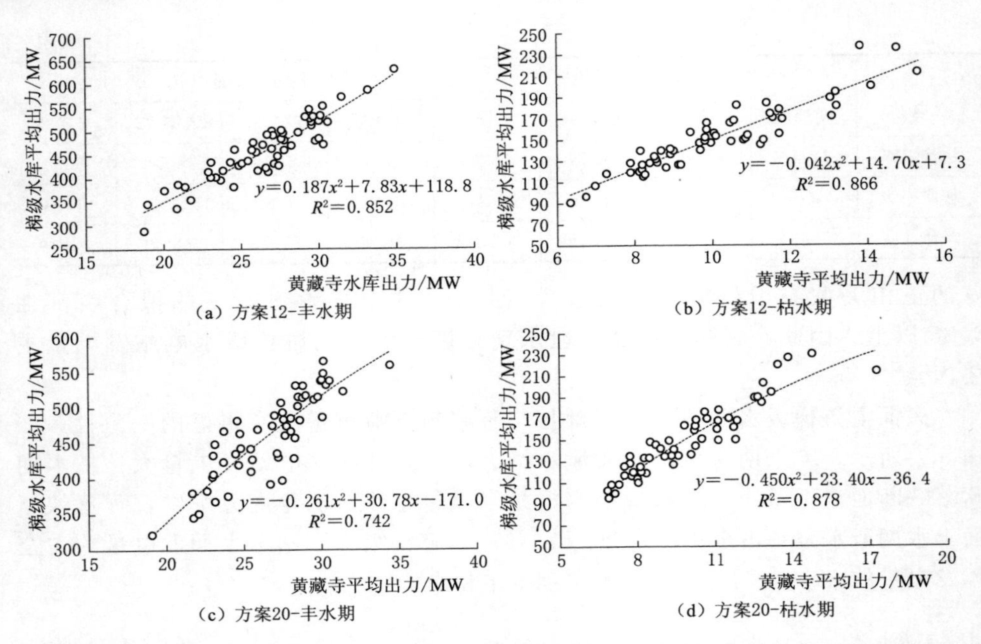

图 8.7 方案 12 和方案 20 下黑河上游梯级水电站与黄藏寺水电站旬均出力关系

8.3 黑河流域中下游用户取水规律

图 8.8 展示了黑河中游 13 个灌区（含梨园河灌区）的地表水和地下水年取水过程。在方案 2 下，中游灌区地表水年取水总量为 7.61 亿～11.84 亿 m^3，地

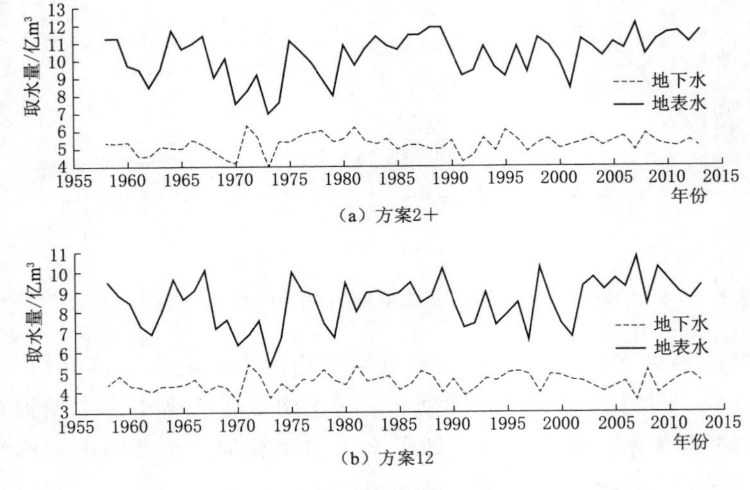

图 8.8（一） 黑河中游地表水与地下水年取水过程

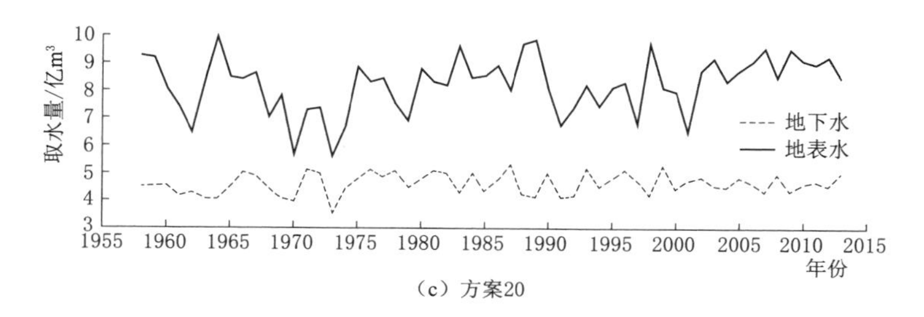

(c) 方案20

图 8.8(二) 黑河中游地表水与地下水年取水过程

下水年取水总量为 3.96 亿～6.35 亿 m³，地下水年取水总量占地表与地下水取水总量的 29%～44%。在方案 12 下，中游灌区地表水年取水总量为 5.31 亿～10.74 亿 m³，地下水取水总量为 3.53 亿～5.4 亿 m³，地下水年取水总量占地表水与地下水年取水总量的 25%～44%。在方案 20 下，中游灌区地表水年取水总量为 5.62 亿～9.98 亿 m³，地下水取水总量为 3.54 亿～5.32 亿 m³，地下水年取水总量占地表水与地下水取水总量的 29%～42%。

黑河中游地表水年来水总量包括莺落峡断面年下泄水量和鹦—红梯级水库年来水总量两部分。图 8.9 显示了中游地表水年取水总量与地表水年来水总量的关系。利用二次函数进行拟合，中游地表水年取水总量与地表水年来水总量之间的拟合度在 3 个推荐方案下都达到了 0.74 以上。从该图可以看出，当中游灌区需水未得到满足时，中游地表水年取水总量随着地表水年来水总量的增加而增加。

在不同水平年推荐方案下，黑河下游鼎新片区、东风场区旬供水量与正义峡断面旬下泄水量具有良好的线性关系，线性拟合度在 0.84 以上，如图 8.10 所

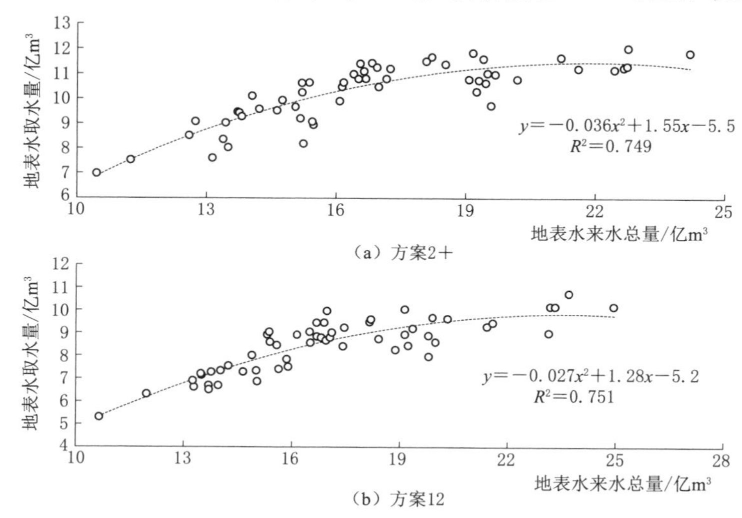

图 8.9(一) 黑河中游地表水年取水总量与地表水年来水总量关系

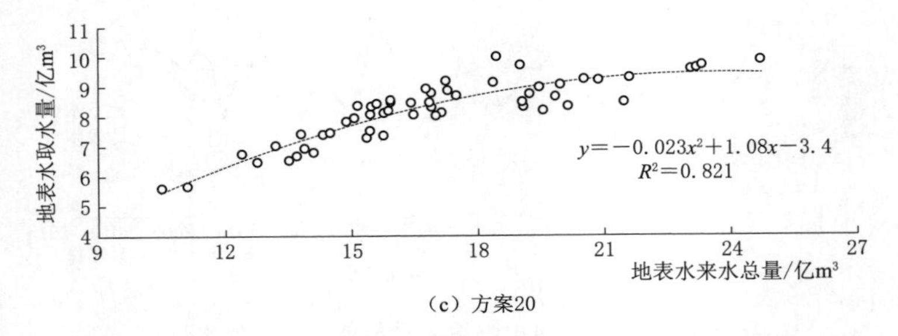

(c) 方案20

图 8.9（二） 黑河中游地表水年取水总量与地表水年来水总量关系

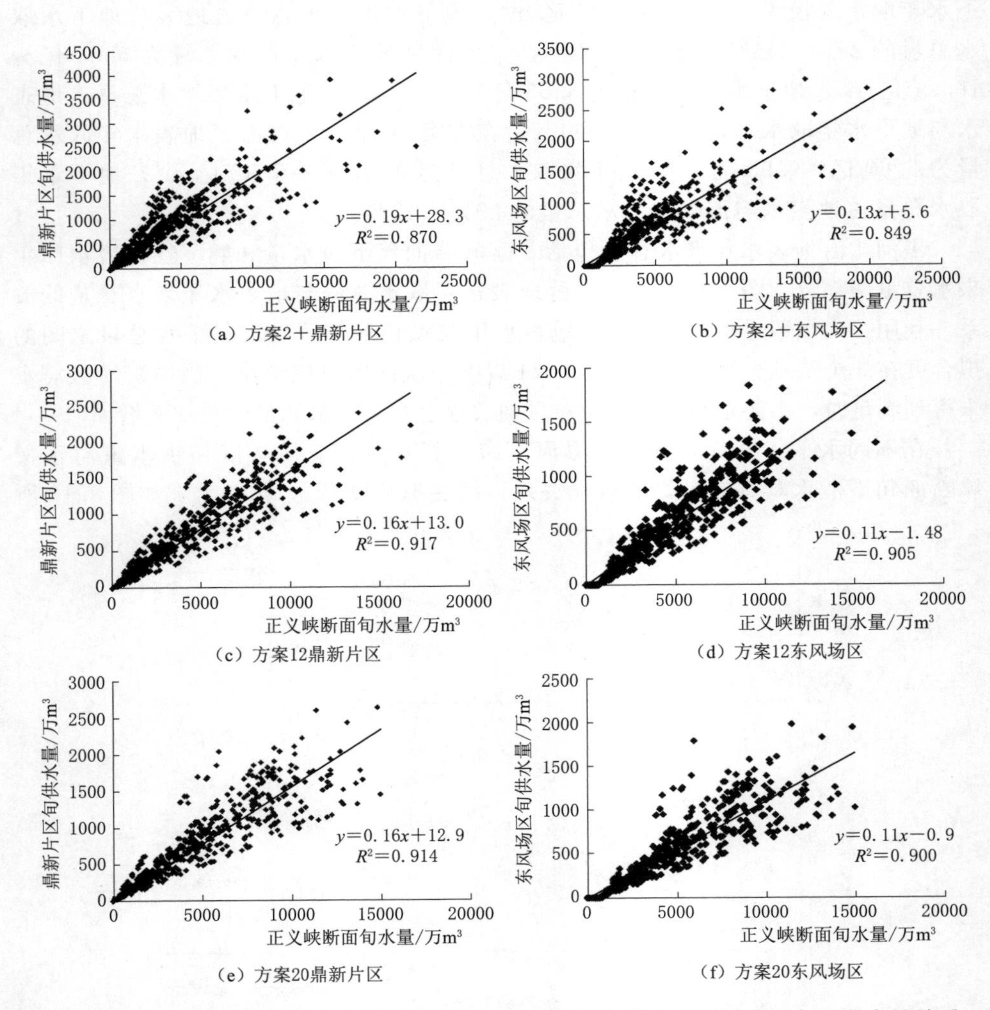

图 8.10 不同水平年推荐方案下鼎新片区、东风场区旬供水量与正义峡旬下泄水量关系

示。可以看出，随着正义峡断面旬下泄水量的增加，鼎新片区和东风场区旬供水量变化越大。

8.4 黑河流域下游生态关键期供水规律

河道闭口是指关闭黑河干流河道引水闸门，禁止中游灌区、鼎新片区和东风场区从河道引水，保证河道水量集中输入下游生态区。本书研究在下游生态关键期实施河道闭口措施，尽量满足下游生态区关键期用水需求。

通过优化计算得到不同推荐方案下生态关键期各旬闭口天数，见表 8.2。黑河生态区 8 月需水量比 4 月需水量多出近 3000 万 m^3，所以 8 月河道闭口天数比 4 月河道闭口天数多，其中方案 2+多 8 天，方案 12 多 9 天，方案 20 多 15 天。中游灌区面积缩减后，河道闭口天数减少，方案 12 比方案 2+减少 2 天。中游灌区节水强度提高后，河道闭口天数也减少，方案 20 比方案 12 减少 6 天。因此，缩减中游灌区面积和提高节水强度有利于减少黑河干流河道闭口天数。

表 8.2 不同水平年推荐方案生态关键期河道闭口天数优化值

推荐方案	4 月上旬	4 月中旬	4 月下旬	8 月上旬	8 月中旬	8 月下旬	闭口总天数
方案 2+	10	10	0	10	10	8	48
方案 12	6	8	4	7	10	10	46
方案 20	6	7	0	10	8	10	42

不同水平年推荐方案在实施河道闭口措施后，狼心山断面生态关键期泄水量及其占全年泄水量比重都比较高，如图 8.11 所示。狼心山断面生态关键期泄水量要求为 1.88 亿 m^3（需水线），方案 2+、方案 12 和方案 20 的狼心山生态关键期需水保证率分别为 77%、98%和 96%，狼心山生态关键期泄水量占全年泄水量比重（平均线）分别为 50%、49%和 47%。因此，不同水平年推荐方案实施河道闭口后，狼心山生态关键期需水保证率都超过 50%，泄水量比重也在 50%左右，能够有效保障狼心山下游生态关键期需水。

在生态关键期 4 月和 8 月，黄藏寺水库各旬下泄水量潜力不同，8 月上旬潜力最大，4 月潜力最小，见表 8.3。方案 12 的黄藏寺水库 4 月平均出库流量相比

表 8.3 黄藏寺水库生态关键期各旬多年平均入库和出库流量 单位：m^3/s

旬均流量	4 月上旬	4 月中旬	4 月下旬	8 月上旬	8 月中旬	8 月下旬
天然入库	18.8	23.3	27.5	95.8	100.3	87.7
方案 12 出库	21.8	17.9	24.2	140.0	112.3	91.8
方案 20 出库	18.6	21.3	21.0	136.6	108.5	92.5

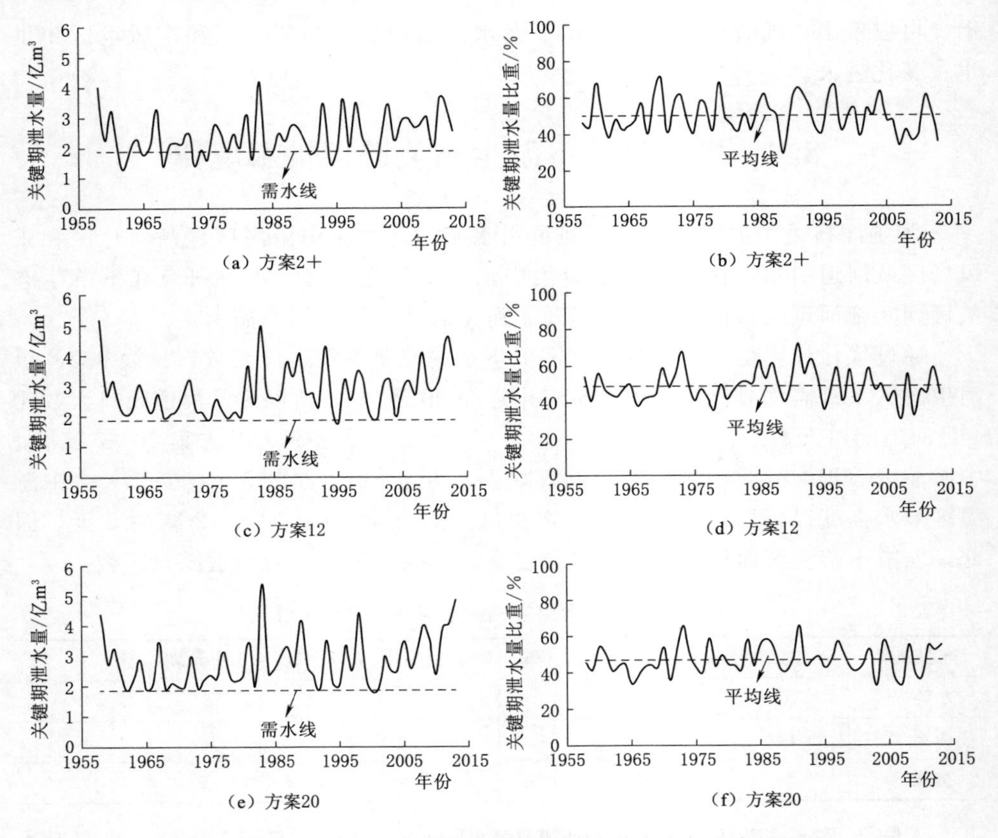

图 8.11 狼心山断面生态关键期泄水量及其占全年泄水量比重

天然平均入库流量减少 $2m^3/s$，方案 20 减少 $3m^3/s$。方案 12 和方案 20 的黄藏寺水库 8 月各旬平均出库流量都比天然平均入库流量大，其中 8 月上旬平均出库流量可超出平均入库流量 $40m^3/s$。因此，黑河流域应在每年 8 月各旬同时采取黄藏寺水库集中下泄和干流河道闭口措施实现下游生态关键期输水目标。

8.5 黑河干流关键断面水量变化规律

(1) 关键断面年内水量过程。

莺落峡断面和正义峡断面是黑河干流两个关键断面，不同水平年推荐方案的两个关键断面旬均最大、最小和平均流量分别如图 8.12 和图 8.13 所示。

从图 8.12 和图 8.13 的两个关键断面旬均最大、最小和平均流量过程看，方案 12 和方案 20 的水资源优化调配过程与实测流量过程差异显著。8 月和 4 月是下游生态需水关键期，同时 8 月还是中游灌溉用水的集中期，故两个关键断面在 8 月和

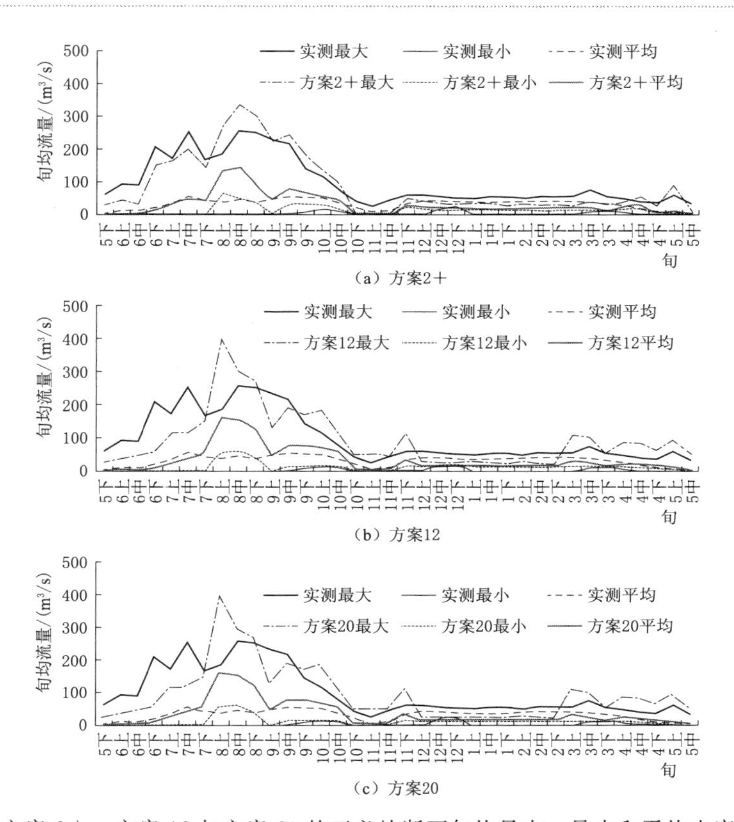

（a）方案2＋

（b）方案12

（c）方案20

图 8.12　方案 2＋、方案 12 与方案 20 的正义峡断面旬均最大、最小和平均出库流量过程

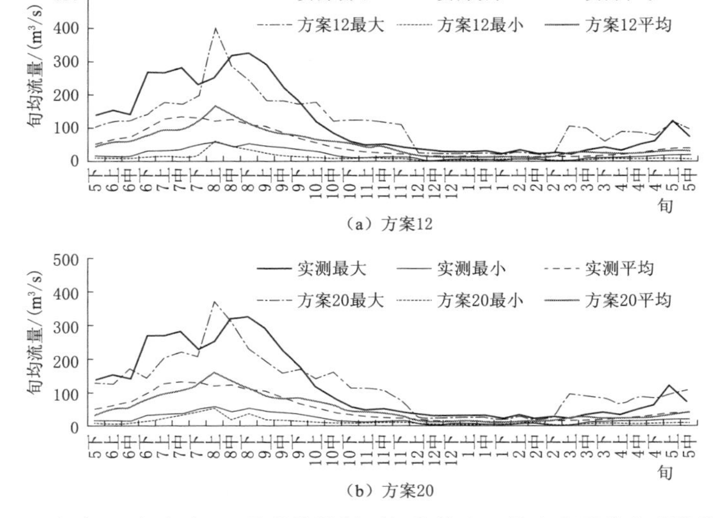

（a）方案12

（b）方案20

图 8.13　方案 12 与方案 20 的莺落峡断面旬均最大、最小和平均出库流量过程

4月的调控下泄水量相比实测水量要大一些。两个关键断面在10月上旬至11月下旬和3月的调控下泄水量相比实测水量也大一些，这与中游灌区冬储罐和春灌用水有关。由图8.12还可以看出，方案2＋的正义峡断面调控下泄水量在8月上旬至10月中旬比实测水量大一些，而在其他时期基本上比实测水量要小一些。

(2) 关键断面年水量关系。

黑河“97”分水方案基于2000年之前的水文气象及用户需水资料制定，是黑河流域目前水资源调配的主要依据。根据黑河流域不同水平年推荐方案的模拟结果，得到正义峡与莺落峡年下泄水量之间的新关系曲线（莺—正水量曲线），如图8.14所示。在3种推荐方案下，正义峡与莺落峡年下泄水量之间具有良好的非线性关系，拟合度都大于0.91。

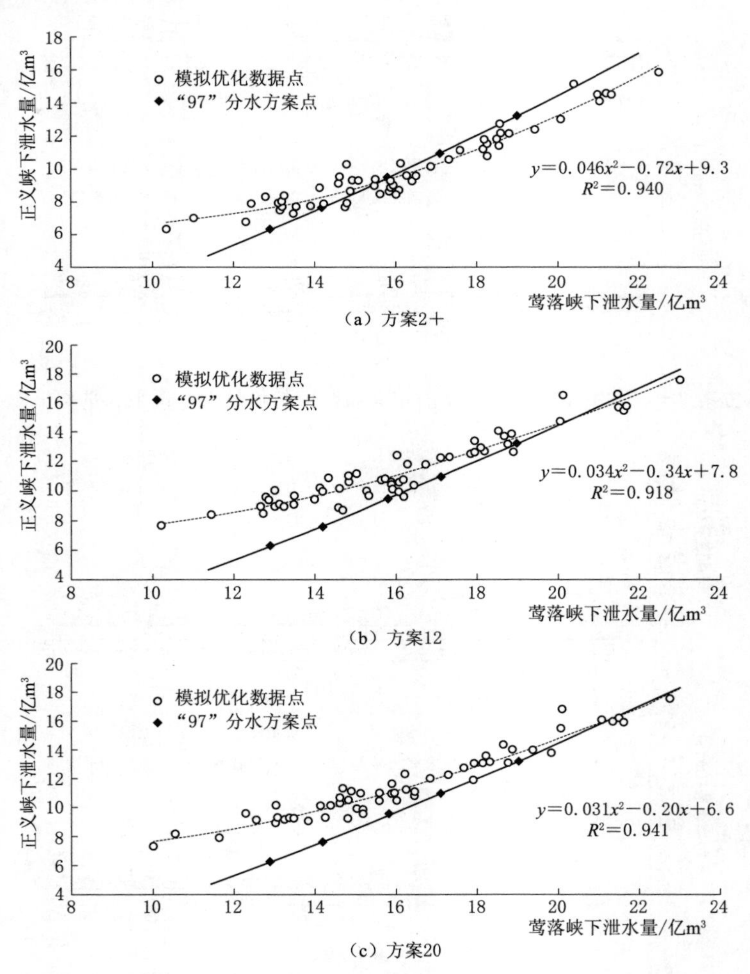

图8.14 莺落峡断面与正义峡断面年下泄水量关系

相比黑河“97”分水曲线，不同水平年推荐方案优化得到的莺—正水量曲线都出现了“下端上翘、上端下滑”的显著现象。具体而言，莺—正水量曲线下端普遍高于“97”分水曲线下端，而上端又比“97”分水曲线上端低。产生这种现象的产生原因在于：枯水年中游灌区从河道引水量的减少量大于中游灌区地下水补给河道水量的减少量，而丰水年中游灌区从河道引水量的增加量又大于中游灌区地下水补给河道水量的增加量。此外，方案12和方案20的莺—正水量曲线整体高于“97”分水曲线，原因在于方案12和方案20灌溉面积的缩减和节水强度的提高导致中游灌溉需水量大幅度减少，从中游河道的渠引水量也相应减少。

8.6 本章小结

本章在不同水平年推荐方案基础上，对黑河流域水资源优化调配规律进行了分析。黄藏寺水库一年有三次调蓄过程，出库流量过程经历了缓增、陡变、缓减和基流4个阶段；方案12和方案20的梯级保证出力相比设计值分别提高40.4%和36.3%，梯级多年平均发电量相比设计值都减少1.6%；黑河上游梯级水电站年发电量和莺落峡断面年下泄水量具有良好的正相关关系；黑河上游梯级水电站与黄藏寺水电站平均出力之间存在良好的正相关性；中游灌区地下水年取水总量占地表与地下年取水总量的25%～44%；当中游灌区需水未得到满足时，中游地表年取水总量随着地表年来水总量的增加而增加；黑河下游鼎新片区、东风场区旬供水量与正义峡断面旬下泄水量具有良好的线性关系；缩减中游灌区面积和提高节水强度有利于减少黑河干流河道闭口天数；不同水平年推荐方案实施河道闭口后，狼心山生态关键期需水保证率都超过50%，泄水量比重也在50%左右，能够有效保障狼心山下游生态关键期需水；莺落峡断面和正义峡断面在8月和4月的调控下泄水量相比实测水量要大一些；相比黑河“97”分水曲线，不同水平年推荐方案优化得到的莺—正水量曲线都出现了“下端上翘、上端下滑”的显著现象。

第 9 章

黑河流域水资源调配规则

在近期和远期水平年，黑河流域水资源调配规则主要包括黄藏寺水库调度规则、中游 13 灌区供水规则和下游用户（鼎新片区和东风场区）供水规则。现状水平年由于没有黄藏寺水库，故水资源调配规则不包含黄藏寺水库调度规则。此外，中游 13 灌区供水规则和下游用户供水规则在现状、近期和远期水平年通用。

9.1 黑河流域水资源调配规则制定

9.1.1 黄藏寺水库调度规则

调度图和调度函数是水库调度规则的两种常用表达方式。水库调度图表达直观，根据调度时间和水库水位确定决策量，但不考虑水库入库径流预报，决策相对保守；水库调度函数表达精确，根据决策量与水库水位、入库流量和需水等因素的函数关系确定决策量，但考虑因素较多，对径流预报精度要求也高[110]。根据近期和远期水平年推荐方案的水资源优化调配结果，分别建立基于调度图和调度函数的黄藏寺水库调度规则，确定黄藏寺水库逐旬平均出库流量。

1. 黄藏寺调度图

黄藏寺水库承担黑河流域灌溉、生态供水和发电综合任务，其调度图由水位图和流量图组成，水位图和流量图的信息对应。考虑到水位图和流量图的信息对应方式，将黄藏寺水库调度图分为两种类型：任务分区型和频率分区型。

（1）任务分区型调度图。

任务分区型调度图将水位图分成若干任务区，并将不同任务区的出库流量线绘制到流量图中。该型调度图优点是调度任务明确，缺点是绘制过程复杂，具体绘制过程如下：

1）确定水位指示线和任务区

任务分区型调度图的水位图有 6 条水位指示线，自下往上依次为最低水位线、发电下基本调度线、发电上基本调度线、灌生下基本调度线、灌生上基本调度线和最高水位线。最低水位线为水库死水位线，水库调度中不允许水位低于该水位线；发电下基本调度线和上基本调度线分别是指同时满足梯级水电站 $P=85\%$保证出力和灌溉生态八折需水要求的最低水位线和最高水位线；灌生下基本调度线和上基本调度线分别是指同时梯级水电站 $P=50\%$保证出力和灌溉生态正常需水要求的最低水位线和最高水位线；最高水位线是水库调度的最高水位线，在汛期与汛限水位保持一致，在非汛期与兴利水位相同，水库调度中不允许水位高于该线水位。

任务分区型调度图的水位图有 5 个任务区，由 6 条水位指示线分割而成。最低水位线与发电下基本调度线之间的区域为梯级水电站在 $P=85\%$保证出力基础上降低出力和灌溉生态需水严重破坏区（A 区）；发电下基本调度线与发电上基本调度线之间的区域为梯级水电站 $P=85\%$保证出力及灌溉生态八折需水区（B 区）；发电上基本调度线和灌生下基本调度线之间的区域为梯级水电站 $P=50\%$保证出力及灌溉生态八折需水区（C 区）；灌生下基本调度线与灌生上基本调度线之间的区域为梯级水电站 $P=50\%$保证出力和灌溉生态正常需水区（D 区）；灌生上基本调度线与最高水位线之间的区域为梯级水电站在 $P=50\%$保证出力基础上加大出力和灌溉生态正常需水区（E 区）。

2）绘制任务分区型调度图的水位图和流量图

根据近期和远期推荐方案的黄藏寺水库优化出库过程，选取若干满足 B 区（D 区）要求的年份，将这些年份黄藏寺水库旬均出库流量过程逐旬取平均值，逐旬平均出库流量过程即为发电保证需水（灌生保证需水）要求的黄藏寺水库出库流量过程；选取若干满足 A 区（E 区）要求的年份，将这些年份黄藏寺水库旬均出库流量过程逐旬取最小值（最大值），逐旬最小（最大）出库流量过程即为综合需水下限（上限）要求的黄藏寺水库出库流量过程；将 4 条黄藏寺水库出库流量过程线绘制在流量图中，按照综合需水下限<发电保证需水<灌生保证需水<综合需水上限的次序对流量图修正。

根据若干满足 B 区（D 区）要求的年份的入库流量过程和发电保证需水（灌生保证需水）对应的出库流量过程，自枯水期水库死水位起，逆时序逐旬计算，求得不同年份的水库水位过程线，取这些水位过程线的上、下包线分别作为发电（灌生）上、下基本调度线。当丰水期初的发电（灌生）上、下基本调度线水位不在最低水位时，直接将丰水期初发电（灌生）上、下基本调度线水位降至最低水位；当发电上基本调度线与灌生下基本调度线有交叉时，直接取交叉区两线的平均线作为公共线，交叉区的发电上基本调度线和灌生下基本调度线在公共线上重叠。

方案 12 和方案 20 的任务分区型调度图分别如图 9.1 和图 9.2 所示。

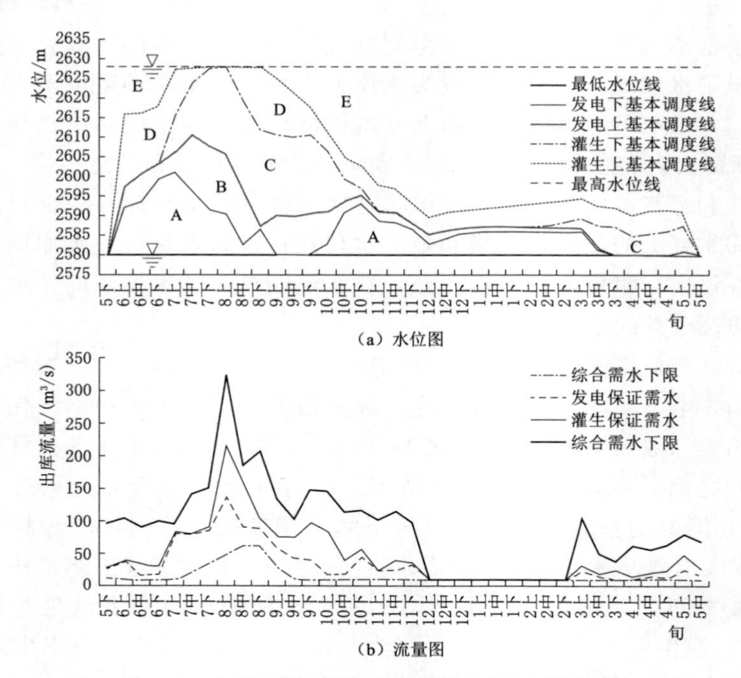

图 9.1 方案 12 的黄藏寺水库任务分区型调度图

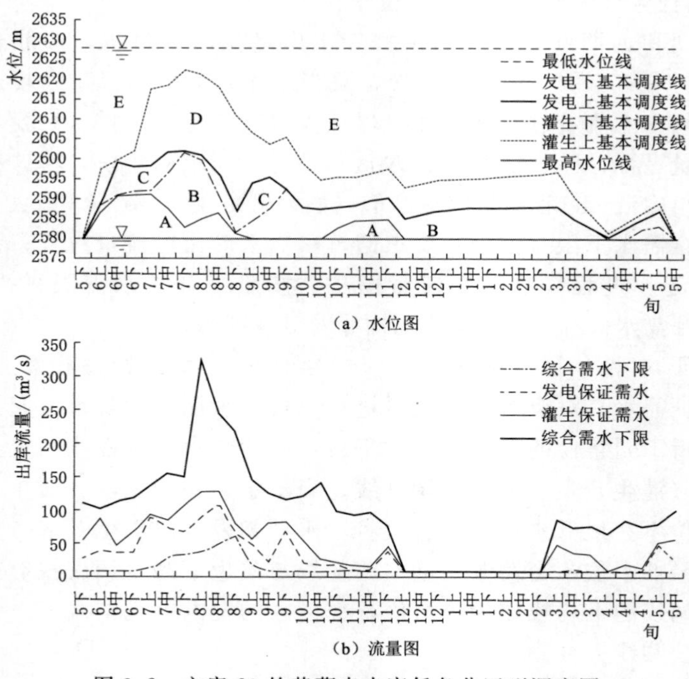

图 9.2 方案 20 的黄藏寺水库任务分区型调度图

(2) 频率分区型调度图。

频率分区型调度图假定水库水位和出库流量同频率发生，将水位图分成若干频率区，并将同频率的出库流量线绘制到流量图中。该型调度图优点是意义清楚且绘制方便，缺点是不能反映调度任务，具体绘制过程如下：

1) 指定水位和出库流量频率。

水位指示线和出库流量线在发生频率上一一对应，即频率为 P 的水位指示线对应频率为 P 的出库流量线。一般情况下，频率间隔越大，调度操作越简便，调度效果也越差。本书指定 5 个频率：10%、25%、50%、75%和 90%。

2) 绘制频率分区型调度图的水位图和流量图。

确定不同水平年推荐方案的黄藏寺水库优化旬均水位过程及对应旬均出库流量过程；逐旬挑出同旬旬均水位（旬均出库流量），对同旬旬均水位（旬均出库流量）降序排列；计算同旬旬均水位（旬均出库流量）的经验频率（序号靠前的频率越小），逐旬确定指定频率下的旬均水位（旬均出库流量）；将所有指定频率的各旬同频率旬均水位（旬均出库流量）绘制到水位图（流量图）中。

方案 12 和方案 20 的频率分区型调度图分别如图 9.3 和图 9.4 所示。

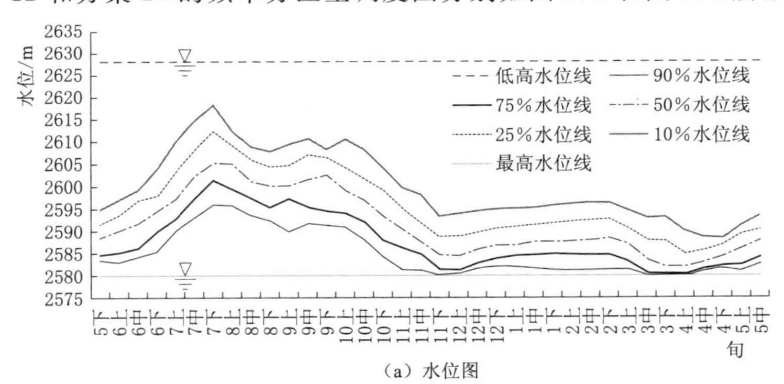

(a) 水位图

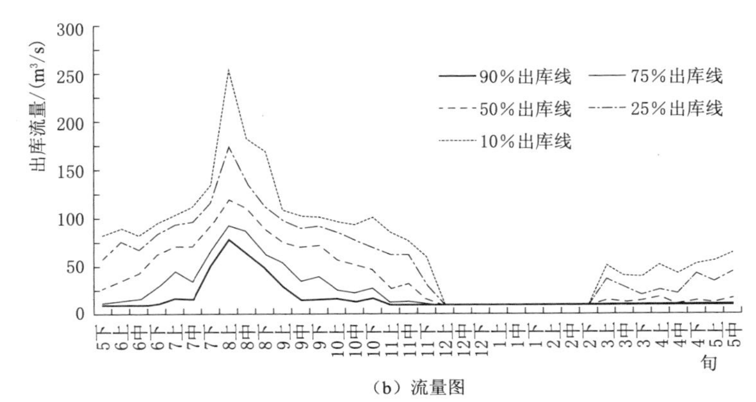

(b) 流量图

图 9.3 方案 12 的黄藏寺水库频率分区型调度图

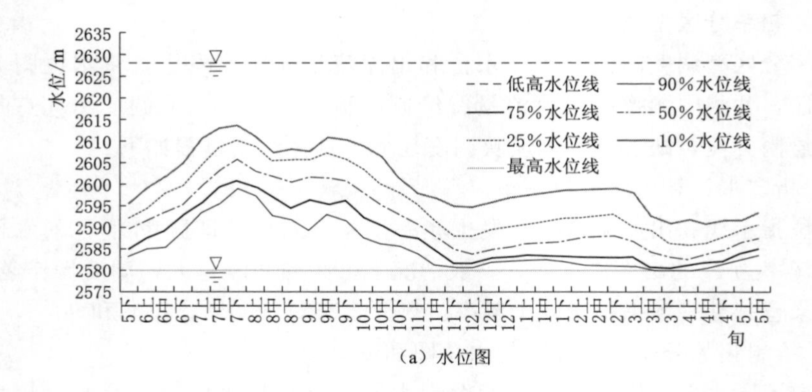

(a) 水位图

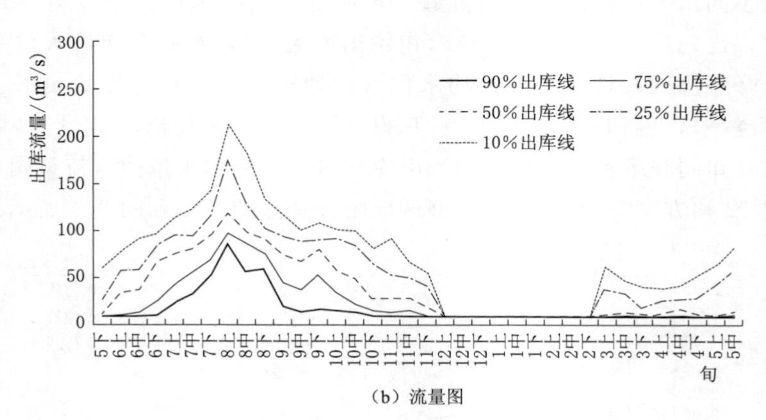

(b) 流量图

图 9.4 方案 20 的黄藏寺水库频率分区型调度图

2. 黄藏寺调度函数

通过逐步回归分析得出，黄藏寺水库当旬平均入库流量、黄藏寺至莺落峡（黄—莺）区间当旬平均入流量、黄藏寺水库当旬旬蓄水位和黑河中下游当旬需水总量是黄藏寺水库当旬平均出库流量的关键影响因素。因此，本书采用多元线性回归函数建立黄藏寺水库调度规则。为统一影响因素的量纲，分别将黄藏寺旬初水位和当旬中下游灌溉生态需水总量转换成如下流量形式。

$$QV=\frac{V_{st}}{\Delta t} \tag{9.1}$$

$$QD=\frac{WD}{\Delta t} \tag{9.2}$$

式中：QV 为黄藏寺旬初水位转换流量，m^3/s；V_{st} 为旬初库容，根据旬初水位和黄藏寺水库水位库容曲线确定，万 m^3；QD 为中下游旬需水总量转换流量，m^3/s；WD 为中下游旬需水总量，万 m^3；Δt 为一旬时间，取 87.66 万 s。

建立黄藏寺水库旬均出库流量 QO 的多元线性回归函数如下：

$$QO=a\cdot QI_{H}+b\cdot QI_{HY}+c\cdot QV+d\cdot QD+e \tag{9.3}$$

式中：QI_{H} 和 QI_{HY} 分别为黄藏寺旬均入库流量和黄—莺区间旬均入流量，m^3/s；a、b、c 和 d 为旬回归系数。

根据推荐方案的黄藏寺水库优化调度结果，逐旬计算式（9.3）中的旬回归系数，结果见表 9.1。

表 9.1　推荐方案下黄藏寺水库旬均出库流量影响因子回归系数

调配时段	方案 12					方案 20				
	a	b	c	d	e	a	b	c	d	e
5 月下旬	0.18	0.11	0.40	−0.18	−0.23	0.48	−0.55	0.23	−0.17	−0.04
6 月上旬	0.39	−0.08	0.40	−0.25	−0.58	−0.29	0.48	0.23	0.20	0.13
6 月中旬	0.03	0.78	0.34	−0.12	−0.54	0.01	0.30	0.31	−0.05	−0.35
6 月下旬	0.30	−0.25	0.24	0.08	−0.77	0.10	0.25	0.30	−0.01	−0.81
7 月上旬	0.13	0.10	0.19	0.23	−0.39	0.22	−0.29	0.25	0.17	−0.09
7 月中旬	0.16	0.02	0.14	0.27	−0.61	0.01	0.45	0.22	0.24	−0.46
7 月下旬	−0.06	−0.21	0.11	0.92	−0.22	0.19	0.20	0.22	0.24	−0.66
8 月上旬	0.15	0.95	0.71	−0.82	−1.44	0.05	1.61	0.53	−0.40	−0.80
8 月中旬	0.67	−0.85	0.26	0.17	−0.23	0.43	0.50	0.40	−0.25	−0.60
8 月下旬	0.32	0.09	0.50	−0.32	0.32	−0.02	0.88	0.20	0.37	−0.07
9 月上旬	0.05	0.13	0.34	0.07	−0.07	0.11	0.36	0.30	−0.01	−0.26
9 月中旬	0.05	0.65	0.25	0.07	−0.06	0.61	−1.02	0.11	0.61	−0.48
9 月下旬	0.25	−0.64	0.26	0.34	−0.35	0.09	−0.22	0.24	0.89	−0.44
10 月上旬	0.59	0.13	0.24	−0.83	−0.35	0.23	−1.11	0.27	0.67	−0.18
10 月中旬	1.00	−1.91	0.10	0.97	−0.69	0.73	−0.10	0.35	−1.78	−0.40
10 月下旬	−0.25	0.66	0.27	0.18	0.14	0.87	0.79	0.29	−0.52	0.00
11 月上旬	0.87	0.22	0.37	−0.58	0.17	1.84	0.39	0.43	−1.06	0.43
11 月中旬	0.25	1.71	0.38	−0.38	0.06	0.55	0.00	0.26	−0.11	−0.25
11 月下旬	1.44	−0.17	0.42	−8.23	−0.17	−1.03	−1.70	0.27	4.72	0.17
12 月上旬	0.12	−0.01	0.00	2.47	0.07	0.12	−0.01	0.00	2.64	0.07
12 月中旬	0.07	−0.03	0.00	3.09	0.07	0.07	−0.03	0.00	3.26	0.07
12 月下旬	−0.06	0.02	0.00	4.28	0.07	−0.06	0.02	0.00	4.43	0.07
1 月上旬	−0.02	0.02	0.00	3.54	0.07	−0.01	0.02	0.00	3.64	0.07
1 月中旬	−0.01	0.04	0.00	4.36	0.07	0.00	0.04	0.00	4.42	0.07
1 月下旬	−0.04	0.06	0.00	4.19	0.07	−0.03	0.06	0.00	4.25	0.07

续表

调配时段	方案 12					方案 20				
	a	*b*	*c*	*d*	*e*	*a*	*b*	*c*	*d*	*e*
2 月上旬	−0.06	0.01	0.00	2.16	0.05	−0.06	0.00	0.00	2.21	0.06
2 月中旬	−0.05	−0.01	0.00	2.17	0.05	−0.03	0.01	0.00	2.17	0.07
2 月下旬	0.05	0.03	0.00	2.05	0.06	0.07	0.02	0.00	2.07	0.07
3 月上旬	−1.71	−0.42	0.39	0.25	−0.10	1.14	0.67	0.34	−3.08	−0.24
3 月中旬	1.01	0.59	0.31	−2.28	−0.05	0.28	−0.73	0.31	−0.90	−0.30
3 月下旬	−0.13	0.02	0.22	−0.01	−0.07	−0.30	−0.53	0.39	−0.50	−0.17
4 月上旬	0.17	1.38	0.44	−1.09	−0.10	−0.07	1.51	0.38	−0.81	−0.11
4 月中旬	0.21	0.65	0.51	−0.84	−0.17	−0.33	−0.47	0.33	0.04	−0.23
4 月下旬	−0.20	0.17	0.36	−0.09	−0.13	−0.22	0.08	0.27	0.05	−0.17
5 月上旬	0.63	0.60	0.27	−0.67	−0.30	−0.15	1.10	0.43	−0.45	−0.59
5 月中旬	−0.21	1.43	0.35	−0.20	0.08	0.26	−0.27	0.47	−0.37	−0.93

将表 9.1 中各旬的旬回归系数代入式（9.3），得到推荐方案的黄藏寺水库模拟旬均出库流量过程，如图 9.5 所示。方案 12 和方案 20 的模拟与优化旬均出库流量过程拟合较好，拟合度都在 0.7 以上。

9.1.2 中游 13 灌区供水规则

实际上，本书已经在第 5 章建立的梨园河调配模块和中游配置模块中以公式形式表达了中游 13 灌区的供水规则。为便于理解，本书再以文字形式简要描述中游 13 灌区的供水规则。

（1）供水打折规则。

按式（5.15）和式（5.17）分别对中游各灌区居民生活和工业旬需水量和灌溉旬需水量打折。在上述两式中，莺落峡断面天然年来水量通过第 4 章推荐的黑河流域年径流预报模型逐年滚动预报获取。

（2）地下取水规则。

首先，灌区居民生活和工业旬需水全部由地下水供应，并在旬初地下水埋深基础上计算居民生活和工业取水后的地下水埋深（工生取水后埋深）；其次，当工生取水后埋深不大于最大允许开采埋深时，灌区优先开采地下水用于灌溉，若工生取水后埋深至地下水最大允许开采埋深之间的地下水量不能满足灌溉旬需水，则继续引取地表水用于灌溉；最后，若引取地表水后仍不能满足灌溉旬需水，则灌区超采地下水填补灌溉旬需水缺口。

（3）地表取水规则。

梨园河灌区从鹦—红梯级水库引取地表水用于灌溉，直至旬灌溉需水得到

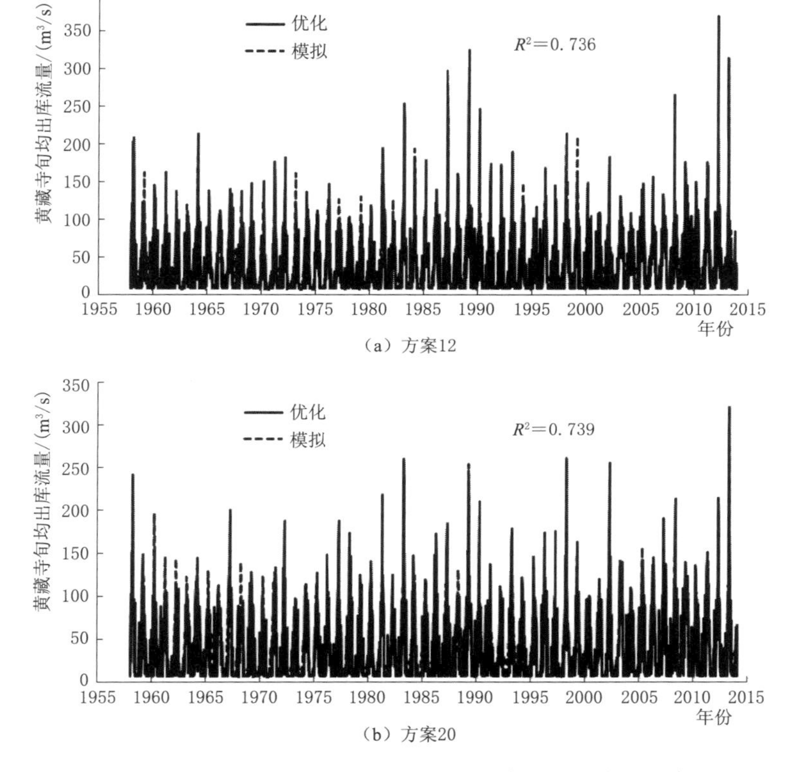

图 9.5 方案 12 和方案 20 下黄藏寺旬均优化出库流量和模拟出库流量过程

满足或鹦—红梯级水库没有蓄水量为止。黑河中游 12 灌区（不含梨园河）从相应河段引取地表水，直至旬灌溉需水得到满足或相应河段没有水为止。特别地，黑河中游 12 灌区在河道闭口时期不得从河道引水。

9.1.3 下游用户供水规则

下游用户供水规则是指对鼎新片区和东风场区的供水规则，表述如下：

1）鼎新片区和东风场区只能在 3 月下旬至 11 月中旬从黑河正义峡至狼心山河段（正狼河段）取水；

2）当正义峡断面流量小于生态基流或干流河道处于闭口时期时，鼎新片区和东风场区不得从正狼河段取水；

3）在满足 1）和 2）要求时，结合正义峡断面旬来水量，按照第 8 章中图 8.10 中对应的拟合方程分别计算鼎新片区和东风场区旬应取水量；

4）当某一旬应取水量计算值小于 0 时，鼎新片区或东风场区不得从正狼河段取水；

5）当鼎新片区（东风场区）本年累计取水量超过 9000 万 m^3（6000 万 m^3）时，鼎新片区（东风场区）不再从正狼河段取水。

9.2 黑河流域水资源调配规则检验

由于中游 13 灌区供水规则和下游用户供水规则在不同水平年通用，且现状水平年的中游 13 灌区供水规则和下游用户供水规则的检验效果与方案 2＋优化计算效果一致，故本书只检验近期和远期水平年的黑河流域水资源调配规则，且重点检验黄藏寺水库调度规则。考虑到黑河流域年径流序列变异性和年径流预报成果时限，将检验期定为 1972—2014 年。

（1）近期水平年。

近期水平年（即方案 12）黄藏寺水库调度规则的检验效果见表 9.2。

表 9.2　　方案 12 的黄藏寺水库调度规则检验效果

水资源调配效果指标	调度图		调度函数
	任务分区型	频率分区型	
梯级水电站多年平均发电量/(亿 kW·h)	24.99	25.16	25.69
梯级水电站（P=85%）保证出力/MW	121.73	130.34	133.22
地下水多年平均开采程度	0.96	0.87	0.85
地下水最大超采量/万 m^3	4587	0	0
地下水超采最长持续时间/年	2	0	0
正义峡多年平均下泄量/亿 m^3	12.00	11.85	11.82
鼎新片区多年平均取水量/万 m^3	9000	8892	8430
东风场区多年平均取水量/万 m^3	6000	5943	5639
狼心山生态关键期多年平均下泄水量/亿 m^3	2.85	2.98	3.08
狼心山生态关键期最大缺水深度/%	9.61	2.78	10.61
狼心山生态关键期最长连续缺水时间/年	1	1	1

从梯级水电站多年平均发电量和保证出力看，黄藏寺水库 3 种调度规则都能满足黑河上游梯级水电站发电效益需求，最优为调度函数，其次为频率分区型调度图，再次是任务分区型调度图。

从中游地下水开采情况看，任务分区型调度图对中游地下水利用最为充分，其次为频率分区型调度图，再次是调度函数，但任务分区型调度图地下水超采量和地下水超采最长持续时间也最大，频率分区型调度图和调度函数都没有超采中游地下水。

从正义峡断面下泄水量看，黄藏寺水库 3 种调度规则都能满足“97”分水目标要求的多年平均下泄水量（9.94 亿 m^3），最优为任务分区型调度图，其次为频率分区型调度图，再次为调度函数。

从鼎新片区和东风场区供水量看，最优为任务分区型调度图，其次为频率分区型调度图，再次为调度函数。

从狼心山断面生态关键期输水情况看，调度函数模拟的狼心山生态关键期多年平均下泄水量最大，其次为频率分区型调度图，再次为任务分区型调度图；频率分区型调度图模拟的狼心山生态关键期最大缺水深度最小，其次为任务分区型调度图，再次为调度函数；黄藏寺水库 3 种调度规则的狼心山生态关键期最长连续缺水时间相同。

综上所述，推荐近期水平年黄藏寺水库调度规则采用频率分区型调度图。

（2）远期水平年。

远期水平年（即方案 20）黄藏寺水库调度规则的检验效果见表 9.3。

表 9.3　　方案 20 的黄藏寺水库调度规则检验效果

水资源调配效果指标	调度图		调度函数
	任务分区型	频率分区型	
梯级水电站多年平均发电量/(亿 kW·h)	24.67	25.16	25.79
梯级水电站（P=85%）保证出力/MW	128.66	127.8	130.38
地下水多年平均开采程度	0.99	0.91	0.88
地下水最大超采量/万 m^3	6860	1643	0
地下水超采最长持续时间/年	5	1	0
正义峡多年平均下泄量/亿 m^3	12.13	12.02	11.98
鼎新片区多年平均取水量/万 m^3	9000	9000	8908
东风场区多年平均取水量/万 m^3	6000	6000	5965
狼心山生态关键期多年平均下泄水量/亿 m^3	2.85	2.93	2.92
狼心山生态关键期最大缺水深度/%	19.59	0.97	9.28
狼心山生态关键期最长连续缺水时间/年	1	1	1

从梯级水电站多年平均发电量和保证出力看，黄藏寺水库 3 种调度规则都能满足黑河上游梯级水电站发电效益需求，其中调度函数最有利于提高发电效益。频率分区型调度图的多年平均发电量大于任务分区型调度图的，但前者保证出力略小于后者。

从中游地下水开采情况看，任务分区型调度图对中游地下水利用最为充分，其次为频率分区型调度图，再次是调度函数，但任务分区型调度图地下水超采量和地下水超采最长持续时间最大，其次为频率分区型调度图，调度函数没有超采中游地下水。

从正义峡断面下泄水量看，黄藏寺水库3种调度规则都能满足“97”分水目标要求的多年平均下泄水量（9.94亿m^3），最优为任务分区型调度图，其次为频率分区型调度图，再次为调度函数。

从鼎新片区和东风场区供水量看，任务分区型调度图和频率分区型调度图都能刚好满足鼎新片区和东风场区规定的最大取水量，调度函数相对略差。

从狼心山断面生态关键期输水情况看，频率分区型调度图模拟的狼心山生态关键期多年平均下泄水量最大，其次为调度函数，再次为任务分区型调度图；频率分区型调度图模拟的狼心山生态关键期最大缺水深度最小，其次为调度函数，再次为任务分区型调度图；黄藏寺水库3种调度规则的狼心山生态关键期最长连续缺水时间相同。

综上所述，推荐远期水平年黄藏寺水库调度规则采用频率分区型调度图。

9.3 本章小结

本章建立并检验了黑河流域水资源调配规则，尤其是黄藏寺水库调度规则。结合调度图和调度函数两种水库调度规则常见形式，相继建立了黄藏寺水库任务分区型调度图、频率分区型调度图和调度函数。黄藏寺水库调度函数以旬均出库流量为决策量，考虑了水库旬初水位、旬均入库流量、黄—莺区间旬均入流量和中下游灌溉生态旬总需水量4个影响因素。在黑河流域水资源调配模型的梨园河调配模块和中游配置模块基础上，简要描述了中游13灌区供水规则。鼎新片区和东风场区供水规则主要是鼎新片区和东风场区旬供水量与正义峡断面旬下泄水量之间的线性拟合方程。对近期和远期水平年黄藏寺水库调度规则进行了检验和分析，推荐黄藏寺水库调度规则采用频率分区型调度图。

第 10 章

总结与展望

10.1 总　　结

本书旨在解决黑河流域水资源合理调配问题，为缓解该流域水资源供需矛盾提供科学依据和技术支撑。主要工作包括搜集和整理黑河流域 1957—2014 年的基础资料，分析黑河流域气候水文变化特征，研究黑河上游中长期径流预报方法，建立黑河流域水资源调配模型，在多核工作站实现并行粒子群优化算法，建立黑河流域水资源调配方案集及综合评价体系，计算和评价不同水平年的水资源调配方案，分析不同水平年推荐方案的水资源调配规律，建立和检验黑河流域水资源调配规则等。主要取得成果如下：

（1）黑河流域上、中游年降水都具有显著增加趋势，下游无明显趋势；上、中、下游年均气温都有显著升高趋势，20 世纪 90 年代中期是一个重要的转折点，降水与气温的变化可能受太阳黑子数和全球二氧化碳浓度变化的影响；上游年水面蒸发出现明显增加趋势，气温升高是一个重要影响因素；上游年径流具有 22 年和 6 年显著周期；上游年径流均值在 20 世纪 90 年代后期显著增加，主要由降水增加和气温升高引起；中游断面旬均流量和旬均水深具有明显的对数函数关系；下游相邻断面流量具有良好的线性关系。

（2）在多元线性回归模型、人工神经网络、支持向量机、灰色预测模型和确定性成分叠加法中，确定性成分叠加法是黑河流域上游年径流预报的最优方法；通过比较率定期纳什效率系数和检验期平均相对误差绝对值得出，基于支持向量机和丰枯分期的方式最适合黑河流域上游旬均流量预报。

（3）通过分析黑河流域水资源调配任务、用户需水保证情况和水资源调配次序等，建立了包含上游调度模块、梨园河调配模块、中游配置模块、中游地下水模块和下游配置模块的黑河流域地表水与地下水多目标联合调配模型，在多核工作站采用并行粒子群算法求解黑河流域水资源调配中的复杂非线性优化问题。

(4) 从现状（2012年）、近期（2020年）和远期（2030年）水平年水资源调配情景出发，建立了由21个方案组成的黑河流域水资源调配方案集；根据黑河流域实际情况，筛选出了18个水资源调配评价指标，构建了黑河流域水资源调配方案评价指标体系。

(5) 利用层次分析法和熵权法分别计算评价指标的主观权重和客观权重，通过主客观综合赋权法确定评价指标的综合权重；综合TOPSIS法、均衡优化分析法、灰色关联分析法、非负矩阵分解法和投影寻踪法，结合序号总和理论建立了水资源调配方案的多方法联合评价模式。

(6) 确定黑河流域水资源调配模型的参数，从流域水量和中游地下水位两个角度分析得出黑河流域水资源调配模型是合理可行；通过计算和评价黑河流域现状、近期和远期水平年的水资源调配方案，推荐黑河流域现状水平年采用方案2+，在近期水平年推荐采用方案12，在远期水平年推荐采用方案20。

(7) 黄藏寺水库一年有三次调蓄过程，出库流量过程经历了缓增、陡变、缓减和基流4个阶段；方案12和方案20的梯级保证出力相比设计值分别提高40.4%和36.3%，梯级多年平均发电量相比设计值都减少1.6%；黑河上游梯级水电站与黄藏寺水电站平均出力之间存在良好的正相关性；中游灌区地下水年取水总量占地表与地下年取水总量的25%～44%；黑河下游鼎新片区、东风场区旬供水量与正义峡断面旬下泄水量具有良好的线性关系。

(8) 缩减中游灌区面积和提高节水强度有利于减少黑河干流河道闭口天数；不同水平年推荐方案实施河道闭口后，狼心山生态关键期需水保证率都超过50%，泄水量比重也在50%左右，能够有效保障狼心山下游生态关键期需水；莺落峡断面和正义峡断面在8月和4月的调控下泄水量相比实测水量要大一些；相比黑河“97”分水曲线，不同水平年推荐方案优化得到的莺—正水量曲线都出现了“下端上翘、上端下滑”的显著现象。

(9) 建立黄藏寺水库任务分区型调度图、频率分区型调度图和调度函数；提出黑河中游13灌区供水规则和鼎新片区和东风场区供水规则；对近期和远期水平年黄藏寺水库调度规则进行检验和分析，推荐黄藏寺水库调度规则采用频率分区型调度图。

10.2 展　望

本书虽然通过研究黑河流域水资源合理调配问题取得了一些成果，但黑河流域水资源问题十分复杂，涉及气候水文变化分析、径流预报、社会经济需水预测、生态环境修复、地下水动态分析、水资源调配等诸多紧密关联的课题。

限于研究能力和研究时间，本书存在一些不足之处，有待后续工作进一步解决和完善。下面从径流预报、地下水模型和水资源调配评价三个方面给出展望：

（1）基于数理统计手段和人工智能算法，构建黑河流域中长期径流预报模型，年径流预报和旬径流预报效果都不甚理想，主要原因有三点：数理统计方法无法准确揭示径流形成的物理规律；径流序列的随机成分相比确定性成分的作用更明显；基于历史径流序列的统计规律无法准确预估未来径流发展情势。因此，随着天气预报技术的提高，可将数值天气预报模型和水文模型相结合，有望提高黑河流域旬径流预报精度。

（2）地下水均衡模型尽管基本揭示黑河中游地表水与地下水转换规律，但相比地下水数值模拟模型较为简单，模拟精度仍有待提高。因此，有必要进一步建立地下水数值模拟模型，准确计算黑河中游灌区与灌区之间的地下水交换量以及灌区与河道之间的地表水地下水转换量。但值得注意的是，地下水数值模拟模型会严重拖慢黑河流域地表水与地下水联合调配模型的求解速度，如何权衡精度和效率也是本书亟待的一个重要问题。

（3）水资源调配评价涉及评价指标权重的计算，最关键且最困难的是确定主观权重。本书虽然利用层次分析法确定了不同指标的主观权重，但该权重主要反映了黑河流域水资源管理者和部分用水户的意愿，并没有充分体现黑河不同省份、不同河段和不同类型用水部门之间的协调关系。确定评价指标主观权重的根本路径是，综合考虑各方利益，建立起一套得到共识的黑河流域水权分配机制。

参考文献

[1] 汤成友，官文学，张世明. 现代中长期水文预报方法及其应用［M］. 北京：中国水利水电出版社，2008.

[2] 张俊，程春田，林剑艺，等. 中长期水文预报方法研究综述［J］. 水利水电科技进展，2010，30（S1）：170－176.

[3] 李鸿雁，薛丽君，王红瑞，等. 流域中长期径流分类预报方法［J］. 南水北调与水利科技，2015，13（5）：817－822.

[4] Oubeidillah A A，Tootle G A，Moser C，et al. Upper Colorado River and Great Basin streamflow and snowpack forecasting using Pacific oceanic－atmospheric variability［J］. Journal of Hydrology，2011，410：169－177.

[5] Yu W，Nakakita E，Jung K. Flood forecast and early warning with high－resolution ensemble rainfall from numerical weather prediction model［J］. Procedia Engineering，2016，154：498－503.

[6] Arnold J G，Williams J R，Srinivasan R，et al. Large area hydrologic modeling and assessment part I：model development［J］. Journal of the American Water Resources Association，1998，34（1）：73－89.

[7] 赵人俊. 流域水文模拟：新安江模型和陕北模型［M］. 北京：水利电力出版社，1984.

[8] 康尔泗，程国栋，蓝永超，等. 概念性水文模型在出山径流预报中的应用［J］. 地球科学进展，2002，17（1）：18－26.

[9] 蓝永超，丁永建，王书功，等. Local Modeling 模式及其在月径流预测中的应用［J］. 中国沙漠，2004，24（3）：313－316.

[10] 张举，丁宏伟. 灰色拓扑预测方法在黑河出山径流量预报中的应用［J］. 干旱区地理，2005，28（6）：751－755.

[11] 楚永伟，蓝永超，李向阳，等. 黑河莺落峡站年径流长期预报模型研究［J］. 中国沙漠，2005，25（6）：869－873.

[12] 李弘毅，王建. SRM 融雪径流模型在黑河流域上游的模拟研究［J］. 冰川冻土，2008，30（5）：769－775.

[13] Liu Y，Sun J，Song H，et al. Tree－ring hydrologic reconstructions for the Heihe River watershed，western China since AD 1430［J］. Water Research，2010，44（9）：2781－2792.

[14] Zang C，Liu J. Trend analysis for the flows of green and blue water in the Heihe River basin，northwestern China［J］. Journal of Hydrology，2013，502：27－36.

[15] Lei F，Huang C，Shen H，et al. Improving the estimation of hydrological states in the SWAT model via the ensemble Kalman smoother：Synthetic experiments for the Heihe River Basin in northwest China［J］. Advances in Water Resources，2014，67（5）：32－45.

[16] 李建承，魏晓妹，邓康婕．基于地下水均衡的灌区合理渠井用水比例［J］．排灌机械工程学报，2015，33（3）：260－266.

[17] 李郝，郝培净，何彬，等．河套灌区合理井渠结合面积比及敏感性分析［J］．灌溉排水学报，2015，34（S1）：229－232.

[18] 李晓芳，闫琴，张少博，等．新疆玛纳斯河灌区地下水特征研究［J］．中国农村水利水电，2017，（3）：213－216.

[19] Zipper S C，Soylu M E，Kucharik C J，et al. Quantifying indirect groundwater－mediated effects of urbanization on agroecosystem productivity using MODFLOW－AgroIBIS（MAGI），a complete critical zone model［J］. Ecological Modelling，2017，（359）：201－219.

[20] Liu Y，Mao Y W，Zheng W. Application of GMS in the numerical simulation of nuclides migration in groundwater for nuclear power plant［J］. Radiation Protection，2015，35（4）：221－226，256.

[21] Qadir A，Ahmad Z，Khan T，et al. Erratum to：A spatio－temporal three－dimensional conceptualization and simulation of Dera Ismail Khan alluvial aquifer in visual MODFLOW：a case study from Pakistan［J］. Arabian Journal of Geosciences，2016，9（7）：489.

[22] 苏建平．黑河中游张掖盆地地下水模拟及水资源可持续利用［D］．兰州：中国科学院寒区旱区环境与工程研究所，2004.

[23] 武强，徐军祥，张自忠，等．地表河网-地下水流系统耦合模拟Ⅱ：应用实例［J］．水利学报，2005，36（6）：754－758.

[24] 胡立堂，陈崇希．数值模型在黑河干流中游水资源管理中的应用［J］．地质科技情报，2006，25（2）：93－98.

[25] 朱金峰，王忠静，郑航，等．黑河流域中下游全境地表-地下水耦合模型与应用［J］．中国环境科学，2015，35（9）：2820－2826.

[26] 王建红，余启明，杨俊仓．基于ArcGIS和Visual MODFLOW的黑河流域中游平原区地下水流数值模拟与预测［J］．安全与环境工程，2016，23（1）：80－87.

[27] Ringler C. Optimal allocation and use of water resources in the Mekong River Basin：Multi－country and intersectoral analysis［R］. Development Economics and Policy Series，Vol. 20. Frankfurt：Peter Lang，2001.

[28] Davijani M，Banihabib M E，Anvar A N，et al. Optimal model for the allocation of water resources based on the maximization of employment in the agriculture and industry sectors［J］. Journal of Hydrology，2016，533：430－438.

[29] Percia C，Oron G，Mehrez A. Optimal operation of reginal system with diverse water quality sources［J］. Journal of Water Resources Planning and Management，ASCE，1997，123（2）：105－115.

[30] Puleo V，Fontanazza C M，Notaro V，et al. Multi source water supply system optimal control：A case study［J］. Procedia Engineering，2014，89：247－254.

[31] Campbell S G，Hanna R B，Scott J F. Modeling Klamath river system operations for quantity and quality［J］. Journal of Water Resources Planning and Management，2001，127（5）：284－294.

[32] Hu M, Huang G H, Sun W, et al. Multi - objective ecological reservoir operation based on water quality response models and improved genetic algorithm: A case study in Three Gorges Reservoir, China [J]. Engineering Applications of Artificial Intelligence, 2014, 36: 332 - 346.

[33] Abolpour B, Javan M, Karamouz M. Water allocation improvement in river basin using Adaptive Neural Fuzzy Reinforcement Learning approach [J]. Applied Soft Computing, 2007, 7: 265 - 285.

[34] Chang L C, Chang F J, Wang K W, et al. Constrained genetic algorithms for optimizing multi - use reservoir operation [J]. Journal of Hydrology, 2010, 390: 66 - 74.

[35] 吴东杰，王金生，丁爱中. 干旱气候条件下黄河流域自产水资源调配方案研究 [J]. 工程勘察，2007，6：13 - 18.

[36] 雷晓辉，王旭，蒋云钟，等. 通用水资源调配模型 WROOM I：理论 [J]. 水利学报，2012，43 (2)：225 - 231.

[37] 刘玒玒，汪妮，解建仓，等. 西安市多水源联合调度模型及应用 [J]. 水资源与水工程学报，2014，5：37 - 41.

[38] 高亮，张玲玲. 区域多水源多用户水资源优化配置研究 [J]. 节水灌溉，2015 (3)：38 - 41.

[39] 张松达，苏飞，夏梦河. 考虑水质的水资源调配模型及其解法 [J]. 河海大学学报（自然科学版），2010，38 (6)：620 - 624.

[40] 宓永宁，王鑫，张玉清. 柴河水库水质水量耦合调度模型及求解 [J]. 水利水电技术，2012，43 (4)：26 - 29，40.

[41] 刘涵，黄强，王剑. 基于模拟优化技术的关中西部灌区水资源调配研究 [J]. 干旱区资源与环境，2005，19 (2)：18 - 22.

[42] 刘攀，郭生练，雒征，等. 求解水库优化调度问题的动态规划-遗传算法 [J]. 武汉大学学报（工学版），2007，40 (5)：1 - 6.

[43] Wang X, Yang H, Shi M, et al. Managing stakeholders' conflicts for water reallocation from agriculture to industry in the Heihe River Basin in Northwest China [J]. Science of The Total Environment, 2015, 505: 823 - 832.

[44] Li M, Guo P, Zhang L, et al. Multi - dimensional critical regulation control modes and water optimal allocation for irrigation system in the middle reaches of Heihe River basin, China [J]. Ecological Engineering, 2015, 76: 166 - 177.

[45] 赵勇，裴源生，于福亮. 黑河流域水资源实时调度系统 [J]. 水利学报，2006，37 (1)：82 - 88.

[46] 裴源生，赵勇，王建华. 流域水资源实时调度研究：以黑河流域为例 [J]. 水科学进展，2006，17 (3)：395 - 401.

[47] 陈野鹰，许江，陈洪凯，等. 黑河水源调配中的 Conflict 解析法 [J]. 土木建筑与环境工程，2007，29 (2)：63 - 67.

[48] 李福生，侯红雨，谢越韬. 黑河中游地表水、地下水转化及水资源配置模型 [J]. 人民黄河，2008，30 (8)：64 - 66.

[49] 张永永，黄强，张洪波，等. 黑河上游梯级水库联合调度研究 [J]. 水力发电学报，2010，29 (4)：52 - 57.

[50] 孙才志，孙炳双，林旭，等．区域水资源开发模式评价指标体系研究：以松嫩盆地为例［J］．吉林大学学报（地），2001，31（1）：46－49．

[51] 朱玉仙，黄义星，王丽杰．水资源可持续开发利用综合评价方法［J］．吉林大学学报（地），2002，32（1）：55－57．

[52] 崔振才，田文苓．区域水资源与社会经济协调发展评价指标体系研究［J］．河北工程技术高等专科学校学报，2002（1）：15－19．

[53] 李瑜，庄会波，宋秀英，等．山东水资源与环境社会经济协调发展综合评价［J］．水文，2003，23（2）：37－41．

[54] 王华．城市水资源可持续利用综合评价：以南京市为例［J］．南京农业大学学报，2003，26（2）：59－62．

[55] 刘恒，耿雷华，陈晓燕．区域水资源可持续利用评价指标体系的建立［J］．水科学进展，2003，14（3）：265－270．

[56] 钟平安，张金花，邴建平，等．基于GEM赋权的水资源配置方案最大熵评价方法［J］．水力发电，2010，36（3）：16－19．

[57] 解阳阳，赵梦龙，王义民，等．榆林近期供水网络方案的多方法综合评价［J］．西北农林科技大学学报（自然科学版），2015，43（3）：219－228．

[58] 何国华，汪妮，解建仓，等．基于熵权的水资源配置和谐性模糊综合评价模型的建立及应用［J］．西北农林科技大学学报（自然科学版），2016，44（2）：214－220．

[59] 赵洪杰，唐德善．黑河中游灌区水资源综合效益评价研究［J］．节水灌溉，2006，（6）：58－60．

[60] 李立铮，董增川，许拯民．黑河中游地区水资源可持续利用等级评价［J］．人民黄河，2007，29（11）：61－63．

[61] 袁伟，郭宗楼，楼章华．黑河流域水资源调配评价的投影决策分析方法［J］．浙江大学学报（工学版），2007，41（1）：235．

[62] 袁华，牛少凤，袁伟，等．黑河流域水资源调配评价的模糊物元分析法［J］．中国农村水利水电，2007（12）：22－24．

[63] 曾国熙，裴源生．黑河流域水资源配置方案合理性评价［J］．海河水利，2008，（6）：1－4．

[64] 卢振园，唐德善，郑斌，等．黑河下游调水及近期治理生态影响后评价［J］．环境科学学报，2011，31（7）：1556－1561．

[65] 赵西宁，王玉宝，马学明．基于遗传投影寻踪模型的黑河中游地区农业节水潜力综合评价［J］．中国生态农业学报，2014，22（1）：104－110．

[66] 柳小龙，董国涛，赵梦杰，等．黑河干流水量分配方案的适应性评价［J］．人民黄河，2017，39（1）：65－69．

[67] 闵骞．道尔顿公式风速函数的改进［J］．水文，2005，25（1）：37－41．

[68] 童新，刘廷玺，杨大文，等．半干旱沙地-草甸区水面蒸发模拟及其影响因子辨识［J］．干旱区地理，2015，38（1）：10－17．

[69] Chen J L，Li G S，Wu S J. Assessing the potential of support vector machine for estimating daily solar radiation using sunshine duration［J］．Energy Conversion and Management，2013，75（75）：311－318．

[70] 周晋，吴业正，晏刚．中国太阳总辐射的日照类估算模型［J］．哈尔滨工业大学学报，2006，38（6）：925－927．

[71] 王蔚，张春妹．日照时数和可照时数关系浅析［J］．林业勘查设计，2013（1）：50-51.

[72] Xie Y，Huang Q，Chang J，et al. Period analysis of hydrologic series through moving-window correlation analysis method［J］．Journal of Hydrology，2016，538：278-292.

[73] 邵骏．基于交叉小波变换的水文多尺度相关分析［J］．水力发电学报，2013，32（2）：22-26.

[74] 闫秋艳，夏士雄．一种无限长时间序列的分段线性拟合算法［J］．电子学报，2010，38（2）：443-448.

[75] 史红玲，胡春宏，王延贵，等．黄河流域水沙变化趋势分析及原因探讨［J］．人民黄河，2014，36（4）：1-5.

[76] 吴锦奎，杨淇越，丁永建，等．黑河流域大气降水稳定同位素变化及模拟［J］．环境科学，2011，32（7）：1857-1866.

[77] 刘赛艳，解阳阳，黄强，等．流域水文年及丰、枯水期划分方法［J］．水文，2017，37（5）：49-53.

[78] 侯红雨，杨丽丰，李福生，等．基于时间序列分析的黑河干流年径流预报［J］．人民黄河，2010，32（12）：49-50.

[79] 占腊生，何娟美，叶艺林，等．太阳活动周期的小波分析［J］．天文学报，2006，47（2）：166-174.

[80] 王宁练，张世彪，贺建桥，等．祁连山中段黑河上游山区地表径流水资源主要形成区域的同位素示踪研究［J］．科学通报，2009（15）：2148-2152.

[81] 王庆峰，张廷军，吴吉春，等．祁连山区黑河上游多年冻土分布考察［J］．冰川冻土，2013，35（1）：19-29.

[82] 吴志勇，郭红丽，金君良，等．气候变化情景下黑河流域极端水文事件的响应［J］．水电能源科学，2010（2）：7-9.

[83] 肖洪浪，傅伯杰，肖笃宁，等．黑河流域生态-水文过程集成研究进展［J］．地球科学进展，2014，29（4）：431-437.

[84] 张德丰．MATLAB 神经网络应用设计［M］．北京：机械工业出版社，2009：176-177.

[85] 丁世飞，齐丙娟，谭红艳．支持向量机理论与算法研究综述［J］．电子科技大学学报，2011，40（1）：2-10.

[86] 黄巧玲，粟晓玲，杨家田．基于小波分解的日径流支持向量机回归预测模型［J］．西北农林科技大学学报（自然科学版），2016，44（4）：211-217.

[87] 周华任，李浩然，孙学金，等．一种基于季节指数的灰色马尔科夫气温预测模型［J］．数学的实践与认识，2016，46（4）：167-173.

[88] 陈隆亨，曲耀光．河西地区水土资源及其合理开发利用［M］，北京：科学技术出版社，1992.

[89] C·Φ·阿维里扬诺夫．防治灌溉土地盐渍化的水平排水设施［M］．娄溥礼，译．北京：中国工业出版社，1963.

[90] 束龙仓，陶月赞，张元禧．地下水文学［M］．北京：中国水利水电出版社，2009：166-167.

[91] Kenndy J，Eberhart R. Particle swarm optimization［C］//Proceedings of IEEE International Conference on Neural Networks. Washington，DC：IEEE Computer Society，1995：1942-1948.

[92] 吕奕清，林锦贤．基于 MPI 的并行 PSO 混合 K 均值聚类算法［J］．计算机应用，

2011，31（2）：428-431.

[93] 何莉，刘晓东，李松阳，等. 多核环境下并行粒子群算法［J］. 计算机应用，2015，35（9）：2482-2485.

[94] 黄强，徐海量，张胜江，等. 塔里木内陆河流域水资源合理配置［M］. 北京：科学出版社，2015：177-189.

[95] 张红涛，毛罕平. 四种客观权重确定方法在粮虫可拓分类中的应用比较［J］. 农业工程学报，2009，25（1）：132-136.

[96] 金菊良，魏一鸣，付强，等. 计算层次分析法中排序权值的加速遗传算法［J］. 系统工程理论与实践，2002，22（11）：39-43.

[97] 周惠成，张改红，王国利. 基于熵权的水库防洪调度多目标决策方法及应用［J］. 水利学报，2007，38（1）：100-106.

[98] 杨超，张敏，宋玉兰，等. 基于主客观组合赋权的新疆农地整理效益评价［J］. 贵州农业科学，2016，44（8）：171-174.

[99] 林锉云，董加礼. 多目标优化的方法与理论［M］. 长春：吉林教育出版社，1992.

[100] 陈光亚. 优化和均衡：系统理论的重要问题［J］. 上海理工大学学报，2011，33（6）：651-652.

[101] 解阳阳，黄强，刘赛艳，等. 水电站均衡优化调度方法研究［J］. 水利水电快报，2015，36（4）：1-4.

[102] Deng，J L. On grey target［J］. The Journal of Grey System，1999，11（3）：169.

[103] 解阳阳，黄强，李向阳，等. 基于非负矩阵分解原理的方案优选方法及其应用［J］. 西安理工大学学报，2017，33（2）：138-144.

[104] 金菊良，刘永芳，丁晶，等. 投影寻踪模型在水资源工程方案优选中的应用［J］. 系统工程理论方法应用，2004，13（1）：81-84.

[105] 水利电力部水文局. 中国水资源评价［M］. 北京：水利电力出版社，1987.

[106] 陈志辉. 黑河干流中游平原区大气降水入渗补给潜水机制的研究［J］. 甘肃地质，1997（S1）：103-108.

[107] 张光辉，刘少玉，谢悦波. 西北内陆黑河流域水循环与地下水形成演化模式［M］. 北京：地质出版社，2005：207-248.

[108] 高艳红，程国栋，刘伟等. 黑河流域土壤参数修正及其对大气要素模拟的影响［J］. 高原气象，2007，26（5）：958-966.

[109] 罗玉峰，毛怡雷，彭世彰，等. 作物生长条件下的阿维里扬诺夫潜水蒸发公式改进［J］. 农业工程学报，2013，29（4）：102-109.

[110] 解阳阳，黄强，张节潭，等. 水电站水库分期调度图研究［J］. 水力发电学报，2015，34（8）：52-61.